Die Sammlung
„Aus Natur und Geisteswelt"

nunmehr über 800 Bände umfassend, bietet wirkliche „Einführungen" in abgeschlossene Wissensgebiete für den Unterricht oder Selbstunterricht des Laien nach den heutigen methodischen Anforderungen und erfüllen so ein Bedürfnis, dem weder umfangreiche Enzyklopädien, noch skizzenhafte Abrisse entsprechen können. Die Bände wollen jedem geistig Mündigen die Möglichkeit schaffen, sich ohne besondere Vorkenntnisse an sicherster Quelle, wie sie die Darstellung durch berufene Vertreter der Wissenschaft bietet, über jedes Gebiet der Wissenschaft, Kunst und Technik zu unterrichten. Sie wollen ihn dabei zugleich unmittelbar im Beruf fördern, den Gesichtskreis erweiternd, die Einsicht in die Bedingungen der Berufsarbeit vertiefend.

Die Sammlung bietet aber auch dem Fachmann eine rasche zuverlässige Übersicht über die sich heute von Tag zu Tag weitenden Gebiete des geistigen Lebens in weitestem Umfang und vermag so vor allem auch dem immer stärker werdenden Bedürfnis des Forschers zu dienen, sich auf den Nachbargebieten auf dem laufenden zu erhalten. In den Dienst dieser Aufgaben haben sich darum auch in dankenswerter Weise von Anfang an die besten Namen gestellt, gern die Gelegenheit benutzend, sich an weiteste Kreise zu wenden.

So konnte der Sammlung auch der Erfolg nicht fehlen. Mehr als die Hälfte der Bände liegen bereits in 2. bis 8. Auflage vor; insgesamt hat die Sammlung bis jetzt eine Verbreitung von fast 5 Millionen Exemplaren gefunden.

Alles in allem sind die schmucken, gehaltvollen Bände besonders geeignet, die Freude am Buche zu wecken und daran zu gewöhnen, einen Betrag, den man für Erfüllung körperlicher Bedürfnisse nicht anzusehen pflegt, auch für die Befriedigung geistiger anzuwenden.

<u>Jeder der meist reich illustrierten Bände ist in sich abgeschlossen und einzeln käuflich</u>

Leipzig, im August 1925.   B. G. Teubner

Ein vollständiges nach Wissenschaftsgebieten geordnetes Verzeichnis versendet auf Wunsch der Verlag, Leipzig, Poststraße 3/5

Bisher sind **zur Physik und Chemie** erschienen:

Physik: Einführung, Grundlagen und Geschichte.

Naturphilosophie. Von Prof. Dr. J. M. Verweyen. 2. Aufl. (Bd. 491.)

Die Grundbegriffe der modernen Naturlehre. Einführung in die Physik. Von Hofrat Prof. Dr. F. Auerbach. 5. Aufl. (Bd. 40.)

Einleitung in die Experimentalphysik, Gleichgewicht und Bewegung. Von Geh. Reg.-Rat Prof. Dr. R. Börnstein. Mit 90 Abbildungen. (Bd. 371.)

Einführung in die Relativitätstheorie. Von Dr. W. Bloch. 3., verb. Auflage. Mit 18 Figuren. (Bd. 618.)

Naturwissenschaften, Mathematik und Medizin im klassischen Altertum. Von Prof. Dr. Joh. L. Heiberg. 2. Aufl. Mit 2 Figuren. (Bd. 370.)

Große Physiker. Von Prof. Dr. F. A. Schulze. 2. Aufl. Mit 6 Bildnissen. (Bd. 324.)

Physikalisches Wörterbuch. Von Prof. Dr. G. Berndt. (Teubners kl. Fachwörterbücher Bd. 5.)

Mechanik.

Mechanik. Von Prof. Dr. G. Hamel. 3 Bände. (Bd. 684/86.) I. Grundbegriffe der Mechanik. Mit 38 Fig. im Text. *II. Mechanik der festen Körper. *III. Mechanik der flüssigen und luftförmigen Körper.

Aufgaben aus der techn. Mechanik. Von Prof. N. Schmitt. 2 Bde. 2. Aufl. (Bd. 558/559.)
I. Bewegungslehre, Statik und Festigkeitslehre. 240 Aufgaben und Lösungen. Mit zahlreichen Fig. im Text.
II. Dynamik und Hydraulik. 2. Aufl. bearb. von Oberstudienrat Prof. Dr. G. Wiegner. 198 Aufgaben und Lösungen. Mit zahlr. Figuren im Text.

Statik. Von Gewerbeschulrat Oberstudiendirektor A. Schau. 2. Aufl. Mit 12 Figuren im Text. (Bd. 828.)

Festigkeitslehre. Von Gewerbeschulrat Oberstudiendirektor A. Schau. 2. Aufl. Mit 119 Figuren im Text. (Bd. 829.)

Optik, angewandte Optik und Strahlungserscheinungen.

Das Licht und die Farben. (Einführung in die Optik.) Von Prof. Dr. L. Graetz. 5. Auflage. Mit 100 Abbildungen. (Bd. 17.)

Sichtbare und unsichtbare Strahlen. Von Geh. Regierungs-Rat Prof. Dr. R. Börnstein. 3., neubearb. Aufl. von Prof. Dr. E. Regener. Mit 71 Abbildungen. (Bd. 64.)

Die optischen Instrumente. (Lupe, Mikroskop, Fernrohr, photographisches Objektiv und ihnen verwandte Instrumente.) Von Prof. Dr. M. v. Rohr. 3., vermehrte u. verb. Auflage. Mit 89 Abbildungen im Text. (Bd. 88.)

Das Auge und die Brille. Von Prof. Dr. M. v. Rohr. 2. Aufl. Mit 84 Abbildungen und 1 Lichtdrucktafel. (Bd. 372.)

Das Mikroskop, seine wissenschaftlichen Grundlagen und seine Anwendung. Von Dr. A. Ehringhaus. Mit 75 Abbildungen im Text. (Bd. 678.)

Einführung in die Mikrotechnik. Von Prof. Dr. V. Franz und Oberstudiendirektor Dr. H. Schneider. Mit 18 Abb. (Bd. 765.)

Spektroskopie. Von Prof. Dr. L. Grebe. 2. Aufl. Mit 63 Figuren im Text und auf 2 Doppeltafeln. (Bd. 284.)

Die Kinematographie, ihre Grundlagen und ihre Anwendungen. Von Dr. H. Lehmann. 2. Auflage von Dr. W. Mette. Mit 68 zum Teil neuen Abbild. (Bd. 358.)

Die Photographie, ihre wissenschaftlichen Grundlagen u. ihre Anwendung. V. Dipl.-Ing. Dir. Dr. O. Prelinger. 2., verb. Aufl. Mit 64 Abbildungen. i. T. (Bd. 414.)

Die künstlerische Photographie. Ihre Entwicklung, ihre Probleme, ihre Bedeutung. Von Studienrat Dr. W. Warstat. 2., verb. Aufl. Mit Bilderanhang. (Bd. 410.)

Die Röntgenstrahlen und ihre Anwendung. Von Dr. med. G. Buch. Mit 94 Abbildungen im Text und auf 4 Tafeln. 2. verb. Aufl. (Bd. 556.)

Wärmelehre.

Die Lehre von der Wärme. Gemeinverständlich dargestellt von Geh. Reg.-Rat Prof. Dr. R. Börnstein. 2., durchgesehene Auflage. Hrsg. von Prof. Dr. A. Wigand. Mit 33 Abbildungen im Text. (Bd. 172.)

Einführung in die technische Wärmelehre (Thermodynamik). Von Geh. Bergrat Prof. R. Vater. 3. Aufl. von Prof. Dr. Fr. Schmidt. Mit 46 Abb. im Text. (Bd. 516.)

Praktische Thermodynamik. Aufgaben und Beispiele zur technischen Wärmelehre. Von Geh. Bergrat Prof. R. Vater. 2. Aufl. herausgegeben von Prof. Dr. Fr. Schmidt. Mit 40 Abb. im Text und 3 Tafeln. (Bd. 596.)

Einführung in die Chemie.

Einführung in die allgemeine Chemie. Von Studienrat Dr. B. Bavink. 2. Aufl. Mit 24 Figuren. (Bd. 582.)

Einführung in die anorganische Chemie. Von Studienrat Dr. B. Bavink. Mit 31 Abbildungen im Text. (Bd. 598.)

Einführung in die organische Chemie. (Natürliche und künstliche Pflanzen- und Tierstoffe.) Von Studienrat Dr. B. Bavink. 3. Aufl. Mit 9 Abb. im Text. (Bd. 187.)

Einführung in die analytische Chemie. Von Dr. F. Rüsberg. 2 Bde. I. Theorie und Gang der Analyse. Mit 15 Fig. i. T. II. Die Reaktionen. Mit 4 Fig. i. T. (Bd. 524/25.)

Einführung in die Biochemie in elementarer Darstellung. Von Prof. Dr. W. Löb. 2. durchges. u. verm. Aufl. B. Prof. Dr. H. Friedenthal. M. 12 Fig. i. T. (Bd. 352.)

Elektrochemie und ihre Anwendungen. Von Prof. Dr. K. Arndt. 2. Auflage. Mit 37 Abbildungen im Text. (Bd. 234.)

Das Radium und die Radioaktivität. Von Prof. Dr. M. Centnerszwer. 2. Aufl. Mit 33 Figuren im Text. (Bd. 405.)

Photochemie. Von Prof. Dr. G. Kümmell. 2. Aufl. Mit 23 Abb. i. T. u. auf 1 Tafel. (227.)

Luft, Wasser, Licht und Wärme. Einführung in die Experimentalchemie. Von Geh. Reg.-Rat Prof. Dr. R. Blochmann. 5. Aufl. Mit 92 Abbildungen. (Bd. 5.)

Das Wasser. Von Geh. Regierungsrat Dr. O. Anselmino. Mit 44 Abbild. (Bd. 291.)

Chemisches Wörterbuch. Von Prof. Dr. H. Remy. Mit 15 Abb. im Text und 5 Tabellen im Anhang. (Teubners kl. Fachwörterbücher Bd. 10/11.)

Chemische Technologie.

Die künstliche Herstellung von Naturstoffen. Von Prof. Dr. E. Küst. (Bd. 674.)

Der Luftstickstoff und seine Verwertung. Von Prof. Dr. R. Kaiser. 2. Aufl. Mit 13 Abbildungen (Bd. 313.)

Agrikulturchemie. Von Dr. P. Krische. 2. verb. Aufl. Mit 21 Abbildungen. (Bd. 314.)

Die Sprengstoffe, ihre Chemie und Technologie. Von Geh. Reg.-Rat Prof. Dr. R. Biedermann. 2. Auflage. Mit 12 Figuren. (Bd. 286.)

Farben u. Farbstoffe. Ihre Erzeugung u. Verwendung. Von Dr. A. Zart. Mit 31 Abb. (Bd. 403.)

Bierbrauerei. Von Dr. A. Bau. Mit 47 Abb. (Bd. 333.)

Wörterbuch der Warenkunde. Von Prof. Dr. M. Pietsch. (Teubners kleine Fachwörterbücher. Bd. 3.)

Naturlehre im Hause.

Physik in Küche u. Haus. Von Studiendirektor Prof. H. Speitkamp. 2. Aufl. Mit 54 Abb. (Bd. 478.)

Chemie in Küche und Haus. Von Dr. J. Klein. 5. Aufl. (Bd. 76.)

Desinfektion, Sterilisation, Konservierung. Von Regierungs- und Medizinalrat Dr. O. Solbrig. Mit 20 Abbildungen. (Bd. 401.)

Ernährung und Nahrungsmittel. Von Geh. Rat Prof. Dr. N. Zuntz. 3. Aufl. Mit 6 Abbildungen und 2 Tafeln. (Bd. 19.)

Die Bakterien im Haushalt der Natur und des Menschen. Von Prof. Dr. E. Gutzeit. 2. Aufl. Mit 13 Abbildungen. (Bd. 242.)

Weitere Bände befinden sich in Vorbereitung.

Aus Natur und Geisteswelt
Sammlung wissenschaftlich-gemeinverständlicher Darstellungen

---

76. Band

Chemie in Küche und Haus

Von

Dr. Joseph Klein

Fünfte Auflage
23. bis 27. Tausend

Springer Fachmedien Wiesbaden GmbH 1925

ISBN 978-3-663-15625-3   ISBN 978-3-663-16200-1 (eBook)
DOI 10.1007/978-3-663-16200-1
Softcover reprint of the hardcover 5th edition 1987

Alle Rechte, einschließlich des Übersetzungsrechts, vorbehalten

Vorwort zur fünften Auflage.

Das Wesentliche, was diese Auflage von der vorhergehenden unterscheidet, ist die Einfügung eines Abschnittes über die Vitamine in der Chemie der Ernährung. Ferner war es nötig, andere Abschnitte etwas umzugestalten, damit sie den heutigen Verhältnissen besser Rechnung tragen. So z. B. sind die Seifenersatzstoffe, die der Krieg gezeitigt hatte und nun überlebt sind, ganz unberücksichtigt geblieben, während einige Angaben über die Indanthrenfarben am Platze waren.

Ich hoffe, daß die Änderungen dem Werkchen die freundliche Aufnahme, die es bisher gefunden hat, erhalten werden.

Mannheim, August 1925.

Dr. Joseph Klein.

Inhaltsverzeichnis.

I. Allgemeine Chemie.

Seite
1. Einleitung ... 7
   Aggregatzustände. Schmelzpunkt. Erstarrungspunkt. Siedepunkt. Destillation. Spezifisches Gewicht. Diffusion. Osmotischer Druck.
2. Die atmosphärische Luft ... 11
   Luftdruck. Barometer. Sauerstoff. Ozon. Stickstoff.
3. Das Wasser ... 13
   Bestandteile des natürlichen Wassers. Verunreinigung desselben. Härte. Mineralwässer. Eis. Dichtemaximum. Wasserstoff. Knallgas. Gemische. Chemische Verbindungen. Elemente.
4. Die Elemente ... 18
   Vorkommen in der Natur. Legierungen. Feste Lösungen. Radium. Allotropie. Künstlicher Diamant und Graphit. Die Symbole der Elemente. Gewinnung derselben. Ruß. Chlor. Schwefel. Kohlenstoff. Zink. Quecksilber. Kupfer. Messing. Bronze. Kupfermünzen. Silber. Silbermünzen. Gold. Goldmünzen. Zinn. Blei. Eisen. Nickel. Nickelmünzen. Aluminium.
5. Die chemischen Verbindungen ... 26
   Gesetz der unveränderlichen Zusammensetzung. Entstehung der chemischen Verbindungen. Symbole der Verbindungen. Atome und Atomgewichte. Moleküle und Molekulargewichte. Benennung der Verbindungen. Säuren. Basen. Salze. Neutrale Verbindungen. Kristallwasser. Verwitterung. Hygrometerbilder. Kalzinierte Salze. Kältemischungen. Anorganische und organische Verbindungen.
   a) Anorganische Verbindungen ... 31
      Kieselsäure. Wasserglas. Glas. Kohlensäure. Brausepulver. Salzsäure. Schwefelsäure. Ammoniak. Salmiakgeist. Salmiak. Hirschhornsalz. Borax. Kochsalz. Soda. Doppeltkohlensaures Natrium. Kalziumoxyd. Kalkwasser. Mörtel. Zement. Schwefelsaures Kalzium. Gips. Kalziumkarbid. Korund. Saphir. Rubin. Töpferwaren. Porzellan.
   b) Organische Verbindungen ... 39
      Äthylalkohol. Spiritus. Essigsäure. Essig. Fette und Öle. Wachsarten. Seifen. Pflaster. Glyzerin. Zucker. Milchzucker. Stärke. Bügeln. Kollodium. Zelluloid. Galalith. Bakelite.

Inhaltsverzeichnis

II. Die Chemie der Ernährung.

1. Abbau und Aufbau der Stoffe 45
Der Stoffwechsel. Die Atmung. Das Blut. Nahrungsbedürfnis. Das Zustandekommen der chemischen Vorgänge.

2. Die Nahrungsmittel. Allgemeines. 48
Anorganische und organische Nährstoffe. Einteilung der organischen Nährstoffe. Gemischte Kost. Nährwert der Nahrungsmittel. Verdauung. Aufnahme des Eisens. Ferratin.

3. Die Eiweißstoffe 53
Zusammensetzung und Einteilung derselben. Eier. Milch. Käse. Kleber. Fleisch. Knochen. Fleischbrühe. Pferdefleisch. Fischfleisch.

4. Die Fette 59
Butter. Buttermilch. Butterersatzmittel.

5. Die Kohlenhydrate 63
Zusammensetzung. Gelee. Fruchtsäfte. Stärkezucker. Kartoffelzucker. Honig. Mehl. Kindermehle. Reifen. Süßwerden der Kartoffeln.

6. Die Genußmittel 67
Allgemeines. Spirituosen. Alkoholfreie Getränke. Kaffee. Tee. Kakao. Schokolade. Koffeinfreier Kaffee. Kaffeesurrogate. Tabak.

7. Vitamine 71
Einteilung derselben. Avitaminosen.

III. Die Chemie in der Küche.

1. Der Kesselstein 73
Die Ausscheidungen des Wassers. Enthärtung des Wassers. Weiches Wasser.

2. Die Zubereitung der Speisen 73
Kochen. Dünsten. Braten. Hülsenfrüchte. Backen. Altbackenes Brot. Die die Verdauung beeinflussenden psychologischen Momente. Zutaten. Fleischextrakt. Hefenextrakte. Gewürze. Suppenwürze.

3. Die Fermentprozesse 80
Pepsin. Bittere Mandeln. Meerrettich. Senf. Diastase. Invertase. Zymase. Wein. Bier. Maltase. Brot. Backpulver. Kumyß. Kefir. Essigsäuregärung. Milchsäuregärung. Joghurt.

4. Die Konservierungsmethoden 86
Austrocknen. Kältekonservierung. Räuchern. Salzen. Pökeln. Konservierung mit Essig und Zucker. Marinieren. Konservierung mit Spiritus. Salizylsäure. Benzoesäure. Sterilisieren. Soxhletscher Apparat. Weck- und Bade-Duplex-Apparat. Konservierung mit Öl und Fett. Suppenkonserven.

	Seite
5. Die Speisenvergiftungen	92

Natürlicher Schutz. Schädliches Wasser. Verwechslungen. Entgiftung giftiger Nahrungsmittel. Kartoffelvergiftung. Pilzvergiftung. Ptomaine. Pathogene Bakterien. Fleischvergiftungen. Vanilleeisvergiftungen. Konserven. Kupfergehalt der Konserven.

IV. Die Chemie in der Wohnung.

1. Heizung und Beleuchtung	98

Erzeugung von Wärme und Licht. Verbrennungsprodukte. Entzündungstemperatur. Entflammungspunkt. Explosionen. Heizwert und Leuchtkraft. Glühlicht. Feuermachen und Feuerlöschen. Brennmaterial. Steinkohle. Petroleum. Vaselin. Stearinkerzen. Paraffin. Leuchtgas. Azetylengas. Feuergefährliche Stoffe.

2. Die Desinfektionsmethoden	106

Die natürliche Desinfektion. Die künstliche Desinfektion. Desinfektionsmittel. Räucherungen.

V. Die Chemie in der Kleidung.

1. Waschen und Bleichen	109

Vorgang beim Waschen. Wert der Seife. Zusätze beim Waschen. Naturbleiche. Kunstbleiche. Die sauerstoffabgebenden Waschmittel. Bleichsoda. Bläuen.

2. Das Färben der Spinnfasern	113

Die gebräuchlichen Farben. Die Arten des Färbens. Animalische und vegetabilische Fasern. Färbetheorie. Beurteilung der Farben. Echtheit der Farben. Indanthrenfarben. Hausfärberei.

3. Die Beseitigung der Flecken	116

Säureflecken. Laugenflecken. Obstflecken. Weinflecken. Tinten- und Rostflecken. Fettflecken. Teerflecken. Ölfarbenflecken. Harzflecken. Höllensteinflecken. Flecken anderer Art. Chemische Reinigung.

Register	119

I Allgemeine Chemie.[1]

1. Einleitung.

In Küche und Haus vollziehen sich fortwährend Prozesse chemischer und physikalisch-chemischer Art. Meist geht man an ihnen achtlos vorüber, weil die Erscheinungen zu alltäglich sind. So sieht es z. B. nicht wie Chemie aus, wenn die Wäsche durch Seife gereinigt wird und nachher auf dem Rasen bleicht, oder wenn ein Mehlteig, dem etwas Hefe zugesetzt ist, am warmen Ofen steht, damit er „aufgehe". Daß es derartiger Dinge noch viele gibt, zeigt der Inhalt dieses Büchleins. Das Interesse daran wird erst geweckt, wenn man sich von den alleinigen Tatsachen losmacht und sich nicht damit zufrieden gibt, daß es so und so aus Erfahrung gut ist, sondern auch die Frage stellt, wenn eine solche berechtigt ist, worauf diese und jene Erscheinung beruht, und dann findet, daß auch anscheinend ganz unwichtige Dinge zum Denken angeregt haben und teilweise noch ungelöste Probleme sind. Schon die beiden angeführten Beispiele zeigen dieses. Was mit der Seife beim Waschen vor sich geht, ist viele Jahre anders als heute gedeutet worden, und worauf der Bleichprozeß beruht, ist noch keineswegs einwandfrei festgestellt.

Nun, mit chemischen Problemen werden wir uns nicht zu befassen haben. Auch darin bietet sich eine Erleichterung, daß wir das Unpopuläre der Chemie: chemische Formeln, chemische Gleichungen und chemisches Rechnen so gut wie vollständig umgehen können. Es kommt nur da vor, wo es sich zum Verständnis kaum vermeiden läßt. Dagegen bedürfen wir auf unserer Wanderung einer anderen Stütze, die derjenige, der sich mit Chemie befaßt, niemals entbehren kann. Es sind gewisse physikalische Grundlagen, die gleichsam unseren Füßen den festen Boden geben.

Die Eigenschaft des Wassers, in allen drei **Aggregatzuständen** als Flüssigkeit, feste Masse und Gas bestehen zu können, kommt wahrscheinlich allen Körpern zu. Zwar verfügen wir bisher nicht immer über die Mittel, bei einem Körper die drei genannten Zustände zu erzielen. Aber die Chemie der hohen und niederen Temperaturen be-

---

1) Vgl. Bavink, Allgemeine Chemie (ANuG Bd. 582).

rechtigt uns seit einer Reihe von Jahren zu der gemachten Annahme. Wir können heute durch Anwendung hohen Drucks und großer Kälte viele Gase, die früher permanente Gase genannt wurden, in flüssige und feste Form bringen, und anderseits gelingt es, mit den modernen Hilfsmitteln Temperaturen zu erzielen, bei denen sogar Bergkristall und Kohlenstoff schmelzen und sich verflüchtigen und auch die sonst als feuerfest betrachteten Metalle sich in Dampf verwandeln, wovon später, S. 19, noch einmal die Rede sein wird. An den festen Körpern sehen wir eine bleibende selbständige Gestaltung, an der mitunter eine kleine Veränderung vorgenommen werden kann. Bei einem Kraftaufwand, dem die festen Körper keinen Widerstand entgegensetzen können, tritt eine Zerlegung in kleinere Stücke ein, die sich durch Aneinanderlegen nicht wieder vereinigen lassen. Die flüssigen Körper haben keine selbständige Gestalt; nur ganz kleine Mengen nehmen, wenn sie frei schweben, in Gestalt von Tropfen die Kugelform an. Sonst richtet sich ihre Gestalt nach der Form der Gefäße, in denen sie sich befinden. Ein Aneinanderlagern getrennter Teile genügt zu einer Wiedervereinigung. Die Gase haben ebenfalls keine selbständige Gestalt; ihr Charakteristisches ist, daß sie jeden Raum, in den sie gebracht werden, gänzlich ausfüllen. Durch Zufuhr von Wärme wird bei den festen und flüssigen Körpern der Rauminhalt vergrößert. Umgekehrt nehmen die festen und flüssigen Körper mit sinkender Temperatur einen kleineren Raum ein.

Den Punkt, bei welchem feste Körper in den flüssigen Zustand übergehen, nennt man **Schmelzpunkt**, den Punkt, wo flüssige Körper fest werden, **Erstarrungspunkt**. In vielen Fällen fällt der Schmelzpunkt mit dem Erstarrungspunkt zusammen, in anderen Fällen liegt der Erstarrungspunkt unter dem Schmelzpunkt. Ein besonderes Beispiel dieser Art wird uns das Wasser bieten. Der Punkt, bei welchem der Dampfdruck der flüssigen Körper den Atmosphärendruck (s. Luft) überwindet, ist der **Siedepunkt**. Für alle Temperaturen gilt in der Chemie das Thermometer nach Celsius (C).

Beim Übergang eines Körpers aus dem gasförmigen Zustand in den flüssigen und aus letzterem in den festen Zustand wird stets Wärme frei und umgekehrt beim Übergang aus dem festen Zustand in den flüssigen und aus letzterem in den gasförmigen Wärme gebunden, welche durch die Temperatur der betreffenden Körper nicht angezeigt wird. Es ist also, mit anderen Worten gesagt, zur Erhaltung eines Körpers im flüssigen oder gasförmigen Zustande eine bestimmte

Schmelzpunkt. Siedepunkt. Spezifisches Gewicht

Wärmemenge erforderlich. Wie sich diese sog. latente Wärme äußerlich bemerkbar macht, werden wir am Verhalten des Eises (S. 16) und am Butterungsprozeß sehen. Der Siedepunkt einer Flüssigkeit ist von dem Luftdruck abhängig; je höher dieser ist, um so höher liegt auch der Siedepunkt, je niedriger, um so niedriger. Der Siedepunkt wird ferner durch gelöste Stoffe erhöht, weil diese den Dampfdruck erniedrigen. So hat z. B. ein zuckerhaltiger Fruchtsaft einen höheren Siedepunkt als Wasser.

Wird eine Flüssigkeit durch Erhitzen in Dampf verwandelt und die aus diesem durch Abkühlung erhaltene Flüssigkeit in einem besonderen Gefäße gesammelt, so spricht man von einer **Destillation**. Sie hat den Zweck, entweder einen nichtflüchtigen Körper, der in einer Flüssigkeit aufgelöst ist, von diesem zu trennen, oder aus einem Gemisch von Flüssigkeiten die flüchtigere von einer weniger flüchtigen abzuscheiden.

Es ist bekannt, daß verschiedene Körper bei gleichem absolutem Gewicht nicht denselben Raum einnehmen und bei gleicher Größe ein verschiedenes absolutes Gewicht zeigen. Ein Stück Blei wiegt z. B. mehr als ein Stück Holz von derselben Größe. Dieses Gewichtsverhältnis der Körper nennt man im Gegensatz zum absoluten Gewicht ihr **spezifisches Gewicht**, ihr Eigengewicht oder ihre Dichte. Diejenigen Körper nennen wir dichter oder spezifisch schwerer, die bei gleichem absolutem Gewicht den kleinsten Raum einnehmen. Das Blei ist also spezifisch schwerer als das Holz.

Um diese Dichtigkeitsverhältnisse der Körper durch bestimmte Zahlen ausdrücken zu können, hat man sich geeinigt, für alle starren und flüssigen Körper die Dichte des Wassers bei einer Temperatur von 0^0, 4^0 oder 15^0 C $= 1$ zu setzen. Wenn man das Eigengewicht des Bleis mit der Zahl 11,4 bei 0^0 bezeichnet, so ist damit gesagt, daß das Blei 11,4 mal schwerer ist als ein ihm gleichgroßer Raumteil Wasser von derselben Temperatur, und wenn das Eigengewicht einer normalen Milch 1,03 bei 15^0 C ist, so heißt das, daß 1 Liter Milch von dieser Temperatur 1,03 kg wiegt.

Wässerige Lösungen von Körpern, deren spezifisches Gewicht höher als das des Wassers ist, haben ebenfalls ein höheres spezifisches Gewicht als letzteres. Darin liegt der Grund, daß Lösungen von Zucker oder Salzen in Wasser stets unter Umrühren bereitet werden. Sonst bildet sich am Boden des Wassers eine konzentrierte Lösung, welche, wenn sie eine gewisse Konzentration erreicht hat, eine weitere Einwirkung des Wassers auf den zu lösenden Stoff verhindert.

Das spez. Gewicht der Gase wird in der Art ausgedrückt, daß die Dichte der Luft oder des Sauerstoffs oder des Wasserstoffs bei einer Temperatur von 0⁰ und einem Atmosphärendruck (s. Luft) von 760 mm = 1 gesetzt wird.

Mischbare Flüssigkeiten und die Gase haben die Eigenschaft, auch in der Ruhe sich gegenseitig zu durchdringen oder, wie die wissenschaftliche Ausdrucksweise ist, zu diffundieren. Die Erscheinung selbst ist die **Diffusion**. Sie kann ebenso erfolgen, wenn eine durchlässige Scheidewand die Flüssigkeiten bzw. die Gase voneinander trennt. Ist dieses letztere der Fall, dann spricht man bei den Flüssigkeiten von Endosmose oder Diosmose, bei den Gasen von Transfusion. Es wird also in dem Falle, wo man eine Lösung eines Salzes oder des Zuckers in Wasser ohne Umrühren bereitet hat, die spezifisch schwerere Bodenschicht (s. oben) allmählich in das überschichtete Wasser diffundieren, bis der gelöste Stoff in dem Wasser gleichmäßig verteilt ist. Die Vorgänge der Diffusion sind ungemein zahlreich. Im Lebensprozeß der Pflanzen und Tiere, im Ausgleich der Innenluft unserer Wohnräume mit der Außenluft, beim Tragen unserer Kleider und bei der Zubereitung der Speisen erkennen wir ihren Einfluß. So beobachten wir z. B. beim Einlegen des Fleisches in Essig und beim Pökeln des Fleisches, daß ohne weitere Verarbeitung Essig und Salz in das Innere des Fleisches eindringen, und beim Pökeln außerdem, daß Flüssigkeit aus dem Fleische austritt. Auch in den Essig treten aus dem Fleische Stoffe über; nur ist der Vorgang nicht so sichtbar. Die Diffusionsvorgänge in der lebenden Zelle spielen sich zum Teil durch Vermittlung halbdurchlässiger Membranen ab, als welche wir die pflanzliche und tierische Zellwandung zu betrachten haben. Diese halbdurchlässigen Membranen lassen nur Lösungsmittel, nicht aber gelöste Stoffe durch. Die Folge davon ist, daß die Zellen durch reichliche Wasseraufnahme zum Quellen kommen, wie wir sehen können, wenn wir z. B. Erbsen in Wasser legen. Dabei wird durch die gelösten Stoffe, welche durch die Wand nicht diffundieren, ein Druck auf letztere ausgeübt, den man den **osmotischen Druck** nennt. Diffusionsvorgänge werden im folgenden noch verschiedentlich zur Erörterung kommen, z. B. S. 75.

Nach diesen Vorbemerkungen können wir uns an den Eigenschaften der atmosphärischen Luft und des Wassers mit chemischen Begriffen bekannt machen.

2. Die atmosphärische Luft.[1]

Die Luft übt auf ihre Unterlage einen ganz bedeutenden Druck aus. Das kommt uns gewöhnlich gar nicht zum Bewußtsein. Denn wir durchkreuzen und durchqueren die Luft wie der Fisch das Wasser, ohne einen Widerstand zu finden; erst wenn die Luft in Bewegung gekommen ist, empfinden wir, daß etwas gleichsam um uns fließt, und wenn die Stürme brausen und Bäume aus der Erde heben, sind wir über die unwiderstehliche Gewalt der Luft belehrt. Es ist leicht zu berechnen, wie schwer die Luftschicht ist, die die Erde in einer Höhe von mehreren 100 km umhüllt. Denn es besteht ein Gleichgewicht zwischen der Atmosphäre, einer Wassersäule von 10,325 m und einer Quecksilbersäule von 760 mm. Diese Säulen wiegen bei einer Grundfläche von 1 qcm 1032,5 g. Auf die ganze Erdoberfläche berechnet, ergibt sich daraus, daß das Gesamtgewicht unserer Atmosphäre 5 Trillionen kg beträgt. Die Apparate zur Bestimmung des Luftdrucks heißen **Barometer**; die Größe des Luftdrucks nennen wir Barometerstand.

1 l Luft wiegt bei 0^0 und 760 mm Druck 1,293 g. Bei einer Temperatur von 140^0 unter Null und einem lastenden Druck von 39 Atmosphären läßt sich die Luft zu einer blauen Flüssigkeit verdichten.

Die atmosphärische Luft stellt in ihrer Hauptsache ein Gemisch zweier Gase dar, des **Sauerstoffs** und des **Stickstoffs**; außerdem finden sich in der Luft wechselnde Mengen von Wasserdampf, geringe Mengen Kohlensäure, einige für den Chemiker merkwürdige, erst in den letzten Jahren entdeckte Gase: Argon, Helium, Krypton, Xenon und Neon und endlich Anteile aller Stoffe, welche die örtlichen Zufälligkeiten erzeugen, mitunter aber auch weither gezogen kommen: Salzteilchen, die vom Meerwasser stammen, der Sand der Wüste, der Blütenstaub der Blumen, die Asche von Vulkanen, der Rauch unserer Schornsteine sowie der Straßenstaub.

100 Raumteile Luft enthalten annähernd 20 Raumteile Sauerstoff und 80 Raumteile Stickstoff. Dieses Verhältnis bleibt sich, kleine Schwankungen ausgenommen, auf allen Punkten der Erde, auf hohen Bergen oder am Meeresstrande, in heißen oder in kalten Ländern, in Gegenden mit reicher Vegetation oder in den Sandwüsten stets gleich. Die Ursache dieser Ausgleichung liegt in der Diffusion der Gase und besonders in der Tätigkeit der Winde. Selbstverständlich gilt das Gesagte

---

[1] Vgl. Blochmann, Luft, Wasser, Licht und Wärme, 4. Aufl. (ANuG Bd. 5).

nicht für geschlossene Räume, in denen durch den Aufenthalt von Menschen oder durch andere Umstände Sauerstoff verbraucht wird. Den Sauerstoff und Stickstoff der Luft kann man auf mechanischem Wege mit der größten Leichtigkeit voneinander trennen. Eine Trennung erfolgt schon durch Wasser. Untersucht man die Luft, die in dem Wasser gelöst ist, so findet man, daß sie etwa 2 Raumteile Stickstoff auf 1 Raumteil Sauerstoff enthält; sie ist also bedeutend sauerstoffreicher. Dieser Umstand ist von Bedeutung für die im Wasser lebenden Tiere. Läßt man die durch Kochen aus dem Wasser ausgetriebene Luft von neuem auf Wasser einwirken, so wird sie wiederum sauerstoffreicher. Wiederholt man dieses noch einigemal, so bekommt man nahezu reinen Sauerstoff.

Der **Sauerstoff** ist ein unsichtbares, geschmack- und geruchloses Gas. Seine Gegenwart ist die Grundbedingung für alles Leben und für alle Verbrennung. Es unterscheidet sich der Sauerstoff von der Luft zunächst durch sein etwas höheres spezifisches Gewicht (= 1,10563). Besonders leicht läßt sich der Sauerstoff ohne Mühe dadurch von der Luft unterscheiden und als solcher erkennen, daß alle brennbaren Körper in ihm rascher, mit glänzenderer Licht- und mit stärkerer Wärmeentwicklung verbrennen als in der Luft.

In stark verdichtetem, aber nicht flüssigem Zustande (10 Liter = ungefähr 1 cbm) wird der Sauerstoff in Stahlbomben eingeschlossen in den Handel gebracht. Außer in der Luft findet sich der Sauerstoff auch sonst noch auf unserer Erde vor, z. B. in den Urgesteinen, die die Hauptmasse der Erdrinde bilden. Aber dieser Sauerstoff ist in chemischer Verbindung (s. d.).

Mitunter tritt der Sauerstoff in einer in seinen Eigenschaften abgeänderten Form als sog. **Ozon** auf. Das ist bei vielen Verbrennungsprozessen der Fall, so bei der Verbrennung des Leuchtgases, des Wachses usw., beim Durchschlagen des elektrischen Funkens durch Luft oder Sauerstoff und bei der dunklen elektrischen Entladung in einer Sauerstoffatmosphäre, mithin bei Gewittern. Ozon (wahrscheinlich neben Wasserstoffsuperoxyd) entsteht auch bei der Wasserverdunstung. Darum ist die Meeresluft am ozonreichsten. Ob Ozon ein nie fehlender Bestandteil der Luft ist, ist eine noch umstrittene Frage. Das Ozon unterscheidet sich von dem Sauerstoff durch seinen Geruch, welcher bald als Chlorgeruch, bald als Schwefel- oder Phosphorgeruch bezeichnet wird. Das ist der Geruch, der nach Gewittern stets wahrgenommen wird. Bei allen Bildungen des Ozons erhält man jedoch niemals reines Ozon, sondern nur ozonhaltigen Sauerstoff. Durch Erhitzen auf 250 bis 300° wird das Ozon in gewöhnlichen Sauerstoff verwandelt und ebenso bei Gegenwart von feinverteiltem Platin (Platinmohr). Bei der Bildung des Ozons findet eine Verdichtung des Sauerstoffs auf $^2/_3$ seines Volumens statt.

Der **Stickstoff** ist wie der Sauerstoff ein unsichtbares geruch- und geschmackloses Gas, welches ein geringeres spezifisches Gewicht (0,9695) als der Sauerstoff und die Luft hat. Er ist nicht brennbar; brennende Körper verlöschen im Stickstoff sofort. Menschen und Tiere ersticken darin; demnach können auch Pflanzen nicht im Stickstoff leben. Als nicht atembarer Bestandteil der Luft hat dieses Gas seinen Namen erhalten. Daraus aber, daß es ein wesentlicher Bestandteil der Atmosphäre ist und fortwährend eingeatmet wird, geht hervor, daß dieser Körper einen schädlichen Einfluß nicht ausübt. Er nimmt nur keinen direkten Teil an den chemischen Veränderungen, die durch die Einwirkung des Sauerstoffs beim Atmungsprozeß das Blut, und bei der gewöhnlichen Verbrennung der brennende Körper erfährt. Der Stickstoff wirkt vielmehr verdünnend auf den Sauerstoff und schwächt somit dessen zu starke Einwirkung ab, die dieser beim Verbrennungs- und Atmungsprozeß ausüben würde. Der Stickstoff gehört wie der Sauerstoff zu den in der Natur verbreitetsten Stoffen; er ist ein Bestandteil der Salpetersäure, des Ammoniaks und vieler Tier- und Pflanzenstoffe, die alle den Stickstoff in chemischer Verbindung (s. d.) enthalten.

3. Das Wasser.[1])

Neben den wesentlichen Bestandteilen der atmosphärischen Luft, dem Sauerstoff und Stickstoff, gehört das Wasser zu den verbreitetsten Stoffen auf unserer Erde, da nahezu $^4/_5$, nach anderer Annahme $^5/_7$ ihrer Oberfläche von Wasser bedeckt sind und in der Atmosphäre sich ungeheure Mengen von Wasser im Dampfzustande befinden. Das Wasser ist aber auch einer der allernotwendigsten Stoffe. Denn es bildet den Hauptbestandteil der tierischen und vieler pflanzlicher Körper. So enthalten z. B. weiche Tierteile bis zu 75 % Wasser, und der menschliche Körper besteht zu 72 % seines Gewichts aus ihm.

---

1) Vgl. Anselmino, Das Wasser (ANuG Bd. 291).

I. Allgemeine Chemie. 3. Das Wasser

Das in der Natur vorkommende Wasser ist niemals rein. Selbst das Regenwasser, das durch einen (natürlichen) Destillationsprozeß entstanden ist, der sonst doch zu reinen Produkten führt, hält Stoffe gelöst: Sauerstoff und Stickstoff, Kohlensäure, Kochsalz und ist verunreinigt durch alles, mit dem es in der Luft in Berührung gekommen ist. Später kommen dazu noch die Stoffe, die es beim Eindringen in die Erde und bei seinem unterirdischen Lauf zu den Sammelplätzen, von denen aus es als Quellwasser wiedererscheint, aufgenommen. Auch ungelöste Körper kann das Wasser enthalten. Durch alles das sehen wir das Wasser in so verschiedenen Färbungen, daß diese mitunter zu seiner charakteristischen Eigenart werden. Man spricht z. B. vom blauen Meere, von der blauen Donau und vom grünen Rhein. Daß die blaue Farbe die eigentliche Farbe des Wassers ist, zeigte Liebig in einem sehr einfachen Experiment. Bei blauen Flüssen und blauen Seen haben wir es also mit ziemlich reinem Wasser zu tun, z. B. beim Genfer See und Vierwaldstätter See. Winzig kleine Teilchen Eisen dagegen, die in Form gelben, fein verteilten Rostes vorhanden sind, erzeugen eine grüne Farbe, da eine Mischung von blauer und gelber Farbe aus der Tiefe immer grünes Licht zurückstrahlt. Auch kalkhaltiger Unterboden gibt dem Wasser eine grüne Farbe, wie sie der Königssee und Walchensee zeigen und das Meerwasser an den Kreidefelsen Rügens. Hat das Wasser Gelegenheit, Stoffe zu lösen, die vom Pflanzenleben des Bodens herrühren, dann treten sogar braune und schwarze Färbungen ein, wie sie z. B. der Lago nero auf der Höhe des Berninapasses zeigt. Das Auflösungsvermögen des Wassers für irgendwelche Stoffe ist überhaupt so groß, daß die Darstellung absolut reinen Wassers als eine Unmöglichkeit angesehen wird. Als außergewöhnliche und gesundheitsschädliche Bestandteile, die das Wasser auf seiner Wanderung aufgenommen hat, sind anzusehen die Zersetzungsprodukte abgestorbener Pflanzen und Tiere und die Abflüsse von Fabriken und menschlichen Wohnungen. Die auflösende Kraft des Wassers kann sich steigern, wenn es auf seinem unterirdischen Laufe Gelegenheit hat, Kohlensäure aufzunehmen oder wenn es erhitzt wird. Die Kohlensäure löst Kalzium- und Magnesiumverbindungen, die in keinem Boden fehlen. Da das Wasser Kohlensäure fast immer auf seinem Wege findet, so sind Kalzium- und Magnesiumsalze fast in jedem natürlichen Wasser enthalten. Der Gesamtgehalt dieser erteilt dem Wasser seine sog.

Härte. Diese wird ausgedrückt nach Graden. Ein deutscher Härtegrad entspricht 1 Teil Kalziumoxyd in 100 000 Teilen Wasser. Dabei ist Magnesiumoxyd für gleichwertig mit Kalziumoxyd anzusehen.

Unter **Mineralwässern** versteht man solche Wässer, denen zufolge ihrer Zusammensetzung eine heilkräftige Wirkung zugeschrieben wird, ohne Unterschied, ob die Anwendung des Wassers eine innerliche (zu Trinkkuren) oder eine äußerliche (zu Badekuren) ist. Viele Mineralwässer sind durch einen reichlichen Gehalt an Kohlensäure ausgezeichnet.

Die Temperatur des gewöhnlichen Quell- und Flußwassers ist in den verschiedenen Zonen ziemlich gleichmäßig. Eine Ausnahme machen die heißen Quellen oder Thermen mit einer Temperatur von 70—90° C. Diese erhalten ihre Wärme aus dem heißen Erdinnern.

Beim Abkühlen kann das Wasser weit unter dem Schmelzpunkt des Eises liegende Temperaturen annehmen, ohne daß es gefriert. In diesem Zustande nennt man es überkaltet. Setzt man zu solchem Wasser etwas Eis, oder bringt man es in Bewegung, dann erfolgt die Erstarrung. Mit dem Übergang des flüssigen Wassers in den festen Zustand ist eine bedeutende Volumvergrößerung verbunden; das Eis nimmt also einen bedeutend größeren Raum als das Wasser von derselben Temperatur ein. Die Ausdehnung beträgt etwa $1/10$ des früheren Volumens. Durch die enorme Ausdehnung des Wassers beim Übergang in Eis wird naturgemäß eine enorme Kraft ausgeübt, der sogar Felsen, in deren Spalten Wasser eingeschlossen ist, nicht widerstehen können. Sie werden zersprengt. Auch in der Haushaltung kann man im Winter die mechanische Kraft des Wassers bei der Eisbildung bemerken; Wasserflaschen und Wasserleitungsröhren, deren Inhalt sich bis unter den Nullpunkt abkühlte, zerspringen beim Gefrieren ihres Inhalts regelmäßig. — Überkaltetes Wasser bildet sich stets, wenn das Wasser bei seiner Abkühlung unter Druck stand. Umgekehrt schmilzt unter Druck auch das Eis; es kann durch Druck sogar in den tropfbar flüssigen Zustand übergehen. Es genügt schon, wenn man zwei Eisstücke gegeneinanderdrückt. Was wir dabei beobachten, ist, daß sich beide Eisstücke zu einem verbinden, weil das an der Druckstelle heraustretende Wasser außerhalb dieser Stelle sofort wieder erstarrt und dadurch zu einem Bindemittel wird. Denselben Vorgang haben wir auch beim Schneeballformen durch Drücken des Schnees zwischen den Händen. Dieses Verhalten des Eises gegen Druck hängt mit der bedeutenden Ausdehnung des Wassers beim Gefrieren direkt zusammen. Körper, welche beim Erstarren Volumenverkleinerung zeigen, wie die meisten Körper, haben unter Druck nicht wie das Eis einen niedrigeren Schmelzpunkt, sondern einen höheren.

Das Eis hat ein niedrigeres spezifisches Gewicht als das Wasser; es schwimmt also auf demselben. Mischt man 1 kg Wasser von 79° mit 1 kg Eis von 0°, so schmilzt das Eis, und man erhält 2 kg Wasser von 0°; mischt man dagegen 1 kg Wasser von 79° mit 1 kg Wasser von 0°, so erhält man 2 kg Wasser von 39,5°. Es wird somit eine große Wärmemenge erfordert, um Eis von 0° in Wasser von 0° überzuführen. Davon wird in der Praxis Gebrauch gemacht, indem Eis als wärmeentziehendes Mittel in der Medizin (zu Umschlägen), in technischen Betrieben und in der Haushaltung (zum Kalthalten unserer Speisen und Getränke) benutzt wird.

Das Wasser zeigt eine besondere Eigenschaft noch in einer anderen Art, bei seiner Abkühlung. Im allgemeinen werden alle Körper durch die Kälte zusammengezogen und spezifisch schwerer. Auch das Wasser wird bei Temperaturerniedrigung immer schwerer, aber nur, bis es die Temperatur von + 4° C erreicht hat. Sinkt die Temperatur noch weiter, so dehnt sich das Wasser wieder aus. Wasser von 0° ist somit wie das Eis leichter als Wasser von 4°.

Beim Auflösen der Stoffe nimmt das Wasser meist den Geschmack, Geruch und die Farbe der aufgelösten Stoffe an. Manche Stoffe brauchen zur Auflösung viel Wasser, diese nennt man schwerlöslich, wie z. B. Gips. Andere, die sich in geringerer Menge Wasser auflösen, heißen leichtlöslich. Dazu gehören der Zucker, das Kochsalz, die Soda u. a. Im allgemeinen ist warmes Wasser wirksamer als kaltes. Daher löst dieselbe Menge Wasser bei höherer Temperatur von ein und demselben Körper mehr auf als bei weniger hoher. Die Auflösung eines festen Körpers wird durch Umrühren der Flüssigkeit beschleunigt (S. 9). Eine Lösung, die bei irgendeiner Temperatur z. B. heiß gesättigt ist, also bei dieser Temperatur nichts mehr auflösen kann, muß beim Abkühlen wieder einen Teil von dem gelösten Körper ausscheiden, da sie bei der niederen Temperatur nicht mehr so viel von dem festen Körper gelöst halten kann wie bei der höheren. Solche Ausscheidungen in Form von Zucker können wir oft beim Aufbewahren von Fruchtgelees und Honig beobachten. Es gibt Körper, die so leicht lös-

Eis. Auflösungsvermögen. Zerlegung des Wassers

lich sind, daß sie beim Liegen an der Luft dieser den Wasserdampf entziehen, feucht werden und sich zuletzt in dem aufgenommenen Wasser auflösen. Man nennt jene zerfließliche oder hygroskopische Körper; zu diesen gehört auch die Pottasche. Das Wasser ist weiter imstande, Gase aufzulösen, und zwar um so mehr, je niedriger seine Temperatur und je stärker der Druck ist, den das Gas (Luft u. a.) darauf ausübt. Tritt Erwärmung des Wassers ein, oder läßt der Druck nach, so entweicht das gelöste Gas in Form von Bläschen, da es unter den veränderten Druck- und Temperaturverhältnissen nicht mehr im Wasser gelöst bleiben kann.

Wasser bildet in vielen Fällen einen wesentlichen Bestandteil der kristallisierten Substanzen und heißt dann Kristallwasser. Näheres hierüber bei den Salzen. Über gesundheitsschädliches Wasser s. Speisenvergiftungen, über hartes und weiches Wasser s. Kesselstein.

Wird Wasserdampf über glühendes Eisen geleitet, so entsteht ein Gas, **Wasserstoff**, während sich das Eisen in eine rotbraune Substanz verwandelt, die neben Eisen noch einen zweiten Bestandteil enthält, Sauerstoff. Durch die energische Einwirkung konnte somit Wasser in Wasserstoff und Sauerstoff zerlegt werden. Wasser kann auch umgekehrt aus Wasserstoff und Sauerstoff erhalten werden. Mischt man beide Gase, so bleibt das Ganze nur ein Gemisch; entzündet man dieses aber, so erfolgt Wasserbildung momentan unter lautem Knall. Ein solches Gemenge von Wasserstoff und Sauerstoff heißt darum auch **Knallgas**. Die Vereinigung der beiden Gase erfolgt unter bedeutender Wärmeentwicklung. Man ersieht daraus, daß in dem Wasser die dasselbe zusammensetzenden Bestandteile in einer ganz anderen Beziehung zueinander stehen als in der Luft die diese zusammensetzenden, die man schon durch Wasser, mithin auf rein mechanischem Wege voneinander trennen kann, und durch deren Mischung Luft mit allen Eigenschaften der ursprünglichen Luft zurückerhalten wird, ohne daß es einer äußeren Anregung bedürfte. Solche Kriterien finden wir nun bei allen Substanzen, die aus mehreren Bestandteilen bestehen, ohne Ausnahme: entweder lassen sich wie bei der Luft die Bestandteile mechanisch voneinander trennen (zufolge ihrer verschiedenen Löslichkeit, ihres verschiedenen spezifischen Gewichts, durch Aussuchen oder auf irgendeine andere Art), oder es sind tiefere Eingriffe nötig, wie die Einwirkung der physikalischen Kräfte Licht, Wärme, Elektrizität und anderer energisch wirkender Agenzien, wobei dann regelmäßig die ursprüngliche Substanz unter Bildung von neuen Substanzen mit ganz anderen Eigenschaften vollständig verändert wird. Die zur ersten Kategorie gehörigen Substanzen nennt man **Gemische**, die zur anderen Kategorie gehörigen **chemische Verbindungen**. Neben den Gemischen und den chemischen Verbindungen gibt es noch eine dritte Kategorie von Substanzen, die chemischen Elemente, welche in einfachere Stoffe nicht zerlegt werden können. Gemische sind z. B. alle zum Gebrauche fertigen Anstrichfarben, Schuhwichse, alle Getränke (auch das Trinkwasser), die Speisen, die Kosmetika usw., chemische Verbindungen z. B. die unseren Speisen zugrunde liegenden Nährstoffe (Kohlenhydrate, Fette und Eiweißstoffe), reines Kochsalz, reines Wasser, Kampfer, Kreide usw., Elemente z. B. alle Metalle (außer den Legierungen, z. B. Messing, Neusilber, Bronze, Amalgame), ferner Sauerstoff, Stickstoff, Schwefel, Chlor usw. Wir kennen etwas über 70 Elemente. Durch diese wird eine unbegrenzte Anzahl chemischer Verbindungen ermöglicht.

Wie der Wasserstoff sonst noch erhalten wird, muß übergangen werden; er ist das leichteste aller Gase und überhaupt aller Körper, und zwar $14^1/_2$ mal leichter als Luft. Aus diesem Grunde hat man sich schon früher, als das Leuchtgas noch nicht bekannt war, des Wasserstoffs zur Füllung der Luftballons bedient. Auch heute wird er dazu namentlich bei Luftschiffen verwandt. — Die Knallgasflamme wird wegen ihrer hohen Temperatur zur Erzielung solcher benutzt. Verdichteter Wasserstoff ist ein Handelsartikel. Vgl. ferner bei Leuchtgas.

4. Die Elemente.

Aus den etwas über 70 Elementen[1]) bauen sich nicht nur unsere Erde und alles, was auf ihr in seiner großen Mannigfaltigkeit ist, auf, sondern auch die fernen Himmelskörper, die Sonne und die Sterne, deren chemische Zusammensetzung wir heute fast so gut kennen, als wenn wir Stücke von ihnen abgeschnitten hätten. In den wenigsten Fällen finden sich die Elemente in der Natur im freien Zustande vor; in den meisten Fällen treten sie (z. B. in den Mineralien) im gebundenen Zustande auf. Das kommt durch die große Neigung dieser, mit anderen Elementen chemische Verbindungen zu bilden. Das Vereinigungsbestreben mit dem Sauerstoff der Luft ist mitunter so groß, daß die Elemente nur unter Sperrflüssigkeiten aufbewahrt werden

---
1) Vgl. Bavink, Allgemeine Chemie (ANuG Bd. 582).

Gemische. Chemische Verbindungen. Elemente. Metalle

können, z. B. Phosphor unter Wasser, Kalium und Natrium unter Petroleum. Im freien Zustande stellen sich die Elemente teils als Gase, teils als Flüssigkeiten, teils als feste Stoffe dar. Das einzige flüssige Metall ist das Quecksilber. Wie man schon seit Jahren nicht mehr von permanenten Gasen sprechen kann, da sich alle diese verdichten lassen (vgl. S. 2), so kann man auch heute nicht mehr von feuerbeständigen Metallen sprechen. Denn auch Gold und Platin hat man in der Neuzeit zu destillieren gelernt, seitdem wir im elektrischen Ofen einen Apparat besitzen, mit dem wir Temperaturen von ungefähr 4000° erreichen können.

Bei einigen Elementen (Schwefel, Phosphor, Jod, Brom) finden wir, daß sich dieselben in gewissen Flüssigkeiten zu wirklichen Lösungen auflösen, aus denen man sie nach Verdunstung des Lösungsmittels mit allen ihren Eigenschaften wieder zurückerhält. Für diejenigen, die wir Metalle nennen, z. B. Eisen, Kupfer, Zink usw., gibt es in diesem Sinne kein Lösungsmittel. Wir sprechen wohl von der Lösung dieses und jenes Metalls in der und jener Säure, aber immer ist hier ein chemischer Prozeß vor sich gegangen, und das Metall ist als solches in der Lösung nicht mehr vorhanden. So befindet sich in einer Lösung von Zink in Schwefelsäure schwefelsaures Zink. Seit einigen Jahren hört man zwar auch von wässerigen Metallösungen (bei Quecksilber, Silber, Platin usw.), aber das sind keine wahren Lösungen sondern ungemein feine Verteilungen, sog. Pseudolösungen oder kolloidale Lösungen, die auch nur unter Umständen entstehen, wo ein ungemein feiner Zustand möglich ist. In so feinen Verteilungen erteilt das Gold den Substraten eine rote Farbe, wie wir sie an allen roten Farben sehen, welche Gold als Grundlage haben. Auch im Goldrubinglas ist das Gold in so fein verteiltem Zustande vorhanden. Das einzige Lösungsmittel für ein Metall ist wieder ein Metall. Die Lösungen, die wir sonst **Legierungen** nennen, haben dann die Eigenschaft, fest zu sein. Man spricht hier von **festen Lösungen**. Diese haben mitunter einen großen Wert, da in ihnen die Eigenschaft der sie zusammensetzenden Metalle verändert ist; ihr Schmelzpunkt ist auch niedriger als der mittlere Schmelzpunkt der Einzelmetalle. Einige von ihnen werden wegen ihres niedrigen Schmelzpunktes als Schnellot, zum Klischieren von Holzschnitten und zu anderen Zwecken verwendet. Es ist noch nicht lange her, wo sich aus solchem Kompositionsmetall bereitete Löffel, die in heißem Wasser vollständig schmolzen, im Verkehr befanden.

I. Allgemeine Chemie. 4. Die Elemente

Über das Wesen der Elemente hat in den letzten Jahren ein früher unbekanntes Element, das **Radium,** den Chemikern und Physikern viel zu denken gegeben. Dieses Element unterscheidet sich von den anderen Elementen dadurch, daß es aktive Eigenschaften hat, indem es Strahlen aussendet, welche auf die photographische Platte belichtend wirken. In chemischer Beziehung gleicht das Radium sonst ganz dem Barium, als dessen aktives Gegenstück man es betrachten kann. Außer Strahlen sendet das Radium noch gasförmige Materie mit Elementeigenschaften, die sog. Emanation aus, die sich verdichten läßt und ähnliche Wirkung wie die Strahlen hat. Diese Emanation findet sich auch in der atmosphärischen Luft und in den natürlichen Wässern vor. Man betrachtet dieselbe als ein Zerfallprodukt des Radiums, das indes keinen dauernden Bestand hat und in Helium als Endprodukt übergeht. Aber auch das Radium wird als Zerfallprodukt des Urans angesehen. Das, was man gewöhnlich Radium nennt, ist Radiumbromid (Bromradium) in mehr oder minder reinem Zustande. Diese Verbindung wird bei der Verarbeitung der Uranmineralien an der Stelle erhalten, wo die Bariumverbindung erhalten wird. Durch langwierige Kristallisationen wird die nicht ganz vollständige Trennung beider Verbindungen erzielt. Das Radium beansprucht ferner ein medizinisches Interesse. Denn die von ihm ausgehenden Strahlen gleichen teils den Röntgenstrahlen und wirken wie diese auf die Haut ein. Da die Emanation in einer großen Anzahl von Thermalwässern aufgefunden worden ist, so hat man in ihrer Gegenwart wenigstens einen teilweisen Grund für die physiologische Heilwirkung jener Wässer erblickt. Ein noch weiteres Interesse beansprucht das Radium dadurch, daß es eine Anzahl Stoffe zum Leuchten bringt. Interessant ist da das Leuchten des Diamanten, wodurch wir ein Mittel haben, echte Brillanten von unechten zu unterscheiden, und interessant sind nicht minder die in allen Uhrenhandlungen käuflichen Uhren (namentlich Weckeruhren) mit dem nachtleuchtenden Zifferblatt und Zeiger, bei denen eine phosphoreszierende Masse, wie sie die Schwefelverbindungen des Bariums, Strontiums und Kalziums in den sog. Balmainschen Farben bieten, durch die Gegenwart einer Radiumverbindung zum Leuchten angeregt wird, ohne daß es einer vorhergegangenen Tagesbelichtung bedarf. Dem Radium gleicht das in der Neuzeit viel genannte Mesothorium, ein aktives Zerfallprodukt des Thoriums; es wird aus den Rückständen von der Bereitung der Thoriumsalze für die Glühstrumpffabrikation gewonnen.

Bei dem Sauerstoff haben wir den besonderen Fall gehabt, daß derselbe in zwei Zuständen als gewöhnlicher Sauerstoff und als Ozon auftreten konnte. Ähnliches finden wir auch bei anderen Elementen (Phosphor, Schwefel, Zinn, Kohlenstoff). Die Chemiker sprechen hier von **Allotropie** und allotropen Zuständen. Den allotropen Formen wird eine verschieden große Energie zugeschrieben, die sich z. B. in ihrer verschiedenen Beständigkeit äußert. Im Vordergrunde des Interesses hat seit mehr als 70 Jahren die Umwandelbarkeit des amorphen Kohlenstoffs, wie wir ihn z. B. in Form von Ruß, Holzkohle und Koks sehen, oder des Graphit genannten kristallisierten Kohlenstoffs in die zweite kristallisierte Form als **Diamant** gestanden. Farblosen Diamant hat zuerst Moissan (1893) erhalten, als er unter Druck Kohlenstoff in Metallschmelzen, insbesondere Eisenschmelze, löste. Doch sind die erzielten Diamanten so minutiös, daß die Fabrikation künstlicher Diamanten noch in unabsehbare Ferne gerückt ist. Dagegen ist die Umwandlung des Kohlenstoffs in die andere kristallinische Form, in **Graphit**, ein gelöstes Problem. Graphit findet vielseitige Anwendung als Schmiermittel, Ofenschwärze und in ausgedehntem Maße zur Herstellung von Elektroden für elektrochemische Zwecke.

In der **chemischen** Schreibweise bedient man sich für jedes Element eines **Symbols,** das dem Anfangsbuchstaben des lateinischen oder griechischen Namens des Elements entspricht, z. B. Schwefel = S (Sulfur), Quecksilber = Hg (Hydrargyrum), Eisen = Fe (Ferrum), Gold = Au (Aurum), Sauerstoff = O (Oxygenium), Wasserstoff = H (Hydrogenium), Stickstoff = N (Nitrogenium) usw.

Die Methoden der **Gewinnung der Elemente** interessieren uns für diese Betrachtungen sehr wenig. Es soll hier nur darauf hingewiesen werden, daß eine besondere Art der Metallausscheidung die Bereitung von Überzügen auf andere Metalle ist, also die Vergoldung, Versilberung, Verkupferung, Vernickelung und Verzinkung, und daß im hauswirtschaftlichen Betrieb als regelmäßige Begleiterscheinung nur ein einziger Prozeß vorkommt, der zur Bildung eines freien Elementes führt, und zwar des fast ganz reinen Kohlenstoffs durch unvollständige Verbrennung seiner Verbindungen. Dazu kommt es bei der Ofenfeuerung mit den gewöhnlichen Kohlen stets und bei der Lampenbeleuchtung mit Petroleum bei hochgeschraubtem Dochte. Das Produkt nennen wir **Ruß,** der sich in Form eines sehr feinen und leichten Pulvers absetzt. Von weit mehr Elementen interessieren uns nur die Eigenschaften.

Das **Chlor** Cl ist ein grünlichgelbes, giftiges Gas von durchdringendem, erstickendem Geruch. In kleiner Menge eingeatmet, bewirkt es Husten, in größeren Mengen sogar Bluthusten, ja selbst den Tod. Das Chlorgas ist in Wasser löslich und bildet damit das Chlorwasser, das die Eigenschaften des Chlors besitzt. Das Chlor übt in Gegenwart von Wasser eine stark bleichende Wirkung auf organische Farbstoffe und eine zerstörende Wirkung auf Riech- und Ansteckungsstoffe aus. Darum ist das Chlor ein oft benutztes Desinfektionsmittel. Seine Wirkung beruht, was für unsere Betrachtung genügt, darauf, daß es das Wasser zersetzt in Wasserstoff, der sich mit dem Chlor verbindet, und in Sauerstoff, welcher die Riech- und Ansteckungsstoffe zerstört [H_2O (Wasser) $+ 2 Cl = 2 HCl$ (Salzsäure) $+ O$]. Zur Desinfektion in Räumen bedient man sich des Chlors in Form von Chlorkalk (s. Bleichen) und einer Säure, am besten der Salzsäure. Aber auch jede andere Säure macht, wenn auch weniger energisch, aus Chlorkalk Chlor frei. Bei seiner Anwendung ist an die erwähnte Wirkung auf die Respirationsorgane zu denken. Auch darin besitzt das Chlor sehr unangenehme Eigenschaften, daß es bei Gegenwart von Feuchtigkeit, die überall vorhanden ist, alle Metalle angreift. Wo Chlorräucherung stattfindet, dürfen also z.B. Spiegel und Bilder in Goldrahmen nicht vorhanden sein.

Der **Schwefel** S ist hellgelb, geschmack- und geruchlos und in Wasser unlöslich. An der Luft erhitzt, entzündet er sich und verbrennt mit bläulicher Flamme zu schwefliger Säure SO_2. Diese ist ein farbloses Gas, welches eingeatmet Husten und Erstickungsanfälle erregt. Wasser löst gasförmige schweflige Säure auf und nimmt dann ihren Geruch und Geschmack sowie ihre übrigen Eigenschaften an. Eine besondere Sorte von Schwefel ist der präzipitierte oder die sog. Schwefelmilch. Dieser Schwefel scheidet sich aus den schwefelreichen Verbindungen des Kaliums auf Zusatz von Salzsäure aus. Er ist ein hellgelbes Pulver, welches u. a. zu kosmetischen Zwecken gebraucht wird und zu den Bestandteilen des Kummerfeldschen Wassers gehört. Schwefel ist eines derjenigen Elemente, aus denen sich die Eiweißkörper (s. d.) aufbauen. Bei der Fäulnis derselben tritt er in Verbindung mit Wasserstoff als Schwefelwasserstoff H_2S auf. Dieser ist ein farbloses, nach faulen Eiern riechendes, süßlich schmeckendes giftiges Gas, das sich in Aborten immer findet.

Über die verschiedenen Formen des **Kohlenstoffs** C als amorphe Kohle, Graphit und Diamant war S. 21 die Rede; über die verschiedenen Sorten von Kohlen zu Brennzwecken wird noch in dem Abschnitt „Heizung und Beleuchtung" gesprochen. Aller Kohlenstoff, auch Graphit und Diamant, hat die Eigenschaft, bei Gegenwart von genügend Sauerstoff zu Kohlensäure CO_2 zu verbrennen.

Das **Zink** Zn ist ein bläulich-weißes Metall mit kristallinischem Gefüge, welches an der Luft und im Wasser sich schnell mit einer weißen Schicht von Zinkoxyd, einer Verbindung des Zinks mit Sauerstoff, die

Chlor. Schwefel. Kohlenstoff. Zink. Quecksilber

von verdünnten Säuren angegriffen wird, überzieht. Der Übergang in wässerige Lösung wird erleichtert, wenn Kochsalz zugegen ist, da sich hierdurch lösliches Chlorzink bilden kann. Hierdurch und wegen der unsicheren Beständigkeit gegenüber sauren Speisen ist das Zink als Kochgeschirrmaterial wenig geeignet. Bei Benutzung von Zinkgefäßen bzw. verzinkten Gefäßen zur Bereitung von Marmeladen sind wiederholt Gesundheitsstörungen vorgekommen. — Über Zinklegierungen s. Kupfer.

Mit dem metallischen **Quecksilber** Hg, einem flüssigen silberweißen, glänzenden Metall, kann man nur in Berührung kommen, wenn ein Thermometer oder Quecksilberbarometer zerbricht. Dann ist dafür Sorge zu tragen, daß in Wohnräumen eventuell verschüttetes Quecksilber vollständig beseitigt wird. Denn dieses verflüchtigt sich schon bei gewöhnlicher Temperatur, obgleich sein Siedepunkt bei 358° liegt. Quecksilberdampf ist sehr gesundheitsschädlich. Quecksilber mit Gold in Berührung gebracht, überzieht letzteres mit einer silberweißen Schicht. Es ist also auch darauf acht zu geben, daß Quecksilber von goldenen Ringen ferngehalten wird.

Das **Kupfer** Cu ist bekanntlich ein rotes Metall, das sich an der Luft bei Gegenwart von Feuchtigkeit mit einer Schicht von sog. basisch-kohlensaurem Kupfer, die man Grünspan nennt, und die das Metall vor weiterer Einwirkung der Luft schützt, überzieht. Das Kupfer wird vielfach zur Bereitung von Küchengeräten gebraucht. Als solches ist das Kupfer nicht gesundheitsschädlich, so daß blanke Kupfergeräte zur Herrichtung von Speisen benutzt werden können. Nur ist eine längere Berührung dieser namentlich bei Luftzutritt zu vermeiden. Denn dann bilden sich Sauerstoffverbindungen des Kupfers, die von anwesenden Säuren z. B. aus den Gemüsen gelöst werden können, so daß die Speisen kupferhaltig werden. Um einen Übergang des Kupfers in die Speisen zu vermeiden, unterlasse man, letztere in Kupfergeschirren nach ihrer Abkochung noch erkalten zu lassen. Über den Kupfergehalt von Konserven vergleiche man den Abschnitt über Speisenvergiftungen.

Was von dem Kupfer gesagt worden ist, gilt auch von den Kupferlegierungen. Solche, die das Kupfer in größeren Mengen enthalten, sind Messing (Kupfer + Zink), Neusilber = Argentan (Kupfer + Zink + Nickel) und die Bronzen (Kupfer + Zinn). Die gefärbte Schicht, mit der sich die Bronzen im Laufe der Zeit überziehen, die sog. Patina, die wir an den antiken Bronzen immer sehen, und die grün und blau ausfällt, ist ein Übergang zum Grünspan. Diese gern gesehene und geschätzte Patina wird heute vielfach künstlich erzeugt. — Die **Kupfermünzen** des Deutschen Reiches bestehen aus 95 Teilen Kupfer, 1 Teil Zink und 4 Teilen Zinn.

Das **Silber** Ag, dessen Farbe gleichfalls bekannt ist, dient zur Herstellung aller Sorten von Tischgeräten und Kunst- und Gebrauchsgegenständen. Man beobachtet an diesen, daß sie, wenn sie längere Zeit nicht in Benutzung waren, schwarze Flecken zeigen, die durch langsame Oxydation (Sauerstoffaufnahme) entstehen und auf der Bildung von Silberoxyd beruhen. Während das Silber im kompakten Zustande eine glänzende Metallfarbe hat, ist es in feinverteiltem Zustande schwarz. In diesem Zustande wird das Silber fast stets erhalten, wenn es aus seinen Lösungen ausgeschieden wird. Das ist der Fall bei den silberhaltigen Haarfärbemitteln und Wäschetinten und bei der Entstehung der Silberflecken in Wäschestücken durch unvorsichtigen Gebrauch von Silberlösungen. Das Silber ist ein so weiches Metall, daß es zu sehr dünnen Blättchen ausgewalzt werden kann. Das Schwarzwerden silberner Löffel, die mit Eierspeisen in Berührung kamen, beruht darauf, daß sich das Silber mit dem Schwefel des Eiweiß zu (schwarzem) Schwefelsilber verbindet. Der **Silbergehalt** eines Gegenstandes wurde früher nach Lötigkeit angegeben. Den Angaben lag das Maß zugrunde: 1 Mark = 16 Lot. Da jetzt der Feingehalt nach Tausendteilen angegeben wird, so entspricht ein Silber, welches heute den Stempel 800 trägt, annähernd einem 12lötigen Silber. Alle Gebrauchsgegenstände, welche einen Feingehalt von wenigstens 800 Tausendstel haben, dürfen gestempelt werden, Schmucksachen dagegen von jedem Feingehalt. Die **Silbermünzen** des Deutschen Reiches haben einen Feingehalt von 900 Tausendstel. Der Rest ist Kupfer. Das reine Silber ist zu weich, um direkt verwendet zu werden.

Das **Gold** Au dient wie das Silber zu Schmuck- und Gebrauchsgegenständen, nur wegen seines Preises in beschränkterem Maße. Es ist wie das Silber so weich, daß es zu Blattgold ausgeschlagen werden kann, welches zum Vergolden vieler Gegenstände verwendet wird. Am Blattgold ist charakteristisch, daß durch dasselbe das Licht mit blaugrüner Farbe durchschimmert. Früher wurde der Feingehalt goldener Gegenstände nach Karaten ausgedrückt. Das Maß lag zugrunde: 1 Mark = 24 Karat. Jetzt wird der Feingehalt nach Tausendteilen angegeben; der Stempel 585 auf den Goldwaren entspricht der früheren Bezeichnung 14 Karat. Die **Goldmünzen** des Deutschen Reiches haben einen Feingehalt von 900 Tausendstel. Der Rest ist Kupfer. — Eine neue Erscheinung auf dem Goldmarkte ist das weiße Gold, das in der Bijouteriebranche das in Mode gekommene Platin ersetzen soll. Die Marke Doriko ist zusammengesetzt aus 750 Teilen Feingold, 100 Teilen Metallen der Platingruppe (die außer Platin noch Osmium, Iridium, Palladium, Ruthenium und Rhodium umfaßt) und 150 Teilen Metallen der Eisen-Nickel-Gruppe (zu der außer Eisen und Nickel noch die Elemente Chrom, Mangan, Aluminium und Kobalt gehören).

Auch das **Zinn** Sn dient zur Fabrikation verschiedener Haushaltungsgegenstände; es ist ferner dasjenige Metall, welches im Weißblech den Überzug des Eisenblechs bildet, um das Verrosten des daraus gefertigten Gegenstandes zu verhüten. Vom hygienischen Standpunkte ist gegen reines Zinn nichts einzuwenden, was schon daraus hervorgeht, daß Zinnfolie, d. i. zu einem dünnen Blatt ausgewalztes Zinn, zu Umhüllungen der verschiedensten Eßwaren, z. B. Käse und Schokolade, mit Vorliebe verwendet wird. Grund zu Bedenken geben nur bleihaltige Zinnlegierungen, mit denen man es allerdings fast stets zu tun hat. Durch Gesetz über den Verkehr mit blei- und zinkhaltigen Gegenständen ist festgesetzt, daß Verzinnungen von Eß-, Trink- und Kochgeschirren sowie Zinnfolie zur Verpackung von Käse usw. nicht mehr als 1 % Blei enthalten dürfen. Das Zinn bildet in vielen wichtigen Legierungen einen Hauptbestandteil, z. B. in der Bronze, im Spiegelbelag und vielen Zahnkitten. Bleizinnlegierungen dienen zur Herstellung von Orgelpfeifen, Zinnschmuckgegenständen und Spielzeugen, z. B. Zinnsoldaten.

Das metallische **Blei** Pb hat durch das soeben erwähnte Gesetz für die Chemie in Küche und Haus an Bedeutung ganz erheblich eingebüßt. Denn Eß-, Trink- und Kochgeschirre dürfen aus keiner Metalllegierung dargestellt sein, welche mehr als 10 % Blei enthält; dazu kommen noch einige weitere Einschränkungen, von denen unter Zinn schon eine erwähnt ist. Gesundheitsschädlich wie das metallische Blei kann auch das gebundene Blei sein, wie es in den Emaillen der Eisengeschirre und den Glasuren der Töpferwaren vorliegt. Von diesen wird gesetzlich verlangt, daß sie bei halbstündigem Kochen mit einem in 100 Gewichtsteilen 4 Gewichtsteile Essigsäure enthaltenden Essig an den letzteren Blei nicht abgeben. Durch diese Vorschrift ist der Bleigehalt der Emaillen und Glasuren ebenfalls begrenzt; ganz bleifrei brauchen auch sie nicht zu sein.

Das **Eisen** Fe in seinen verschiedenen Verwendungsformen ist stets kohlenstoffhaltig: Gußeisen mit 3—6 % Kohlenstoff, Schmiedeeisen mit 0,1—0,6 % Kohlenstoff und Stahl mit 0,8—1,8 % Kohlenstoff. Das Eisen überzieht sich an der feuchten Luft mit einem braunroten Überzug, dem sog. Rost, der immer tiefer dringt, da seine Schicht nicht zusammenhängt und darum das Eisen gegen weiteres Rosten nicht schützen kann. Der Rost ist eine Verbindung des Eisens mit Sauerstoff. Auch die Anlauffarben des Stahls, wie man sie sieht, wenn man z. B. ein Messer in eine Flamme hält, und die ganz verschieden sein können, je nach der Temperatur, die der Stahl hatte, sind feine Schichten einer Sauerstoffverbindung des Eisens, die, wie alle dünnen Häutchen, z. B. Seifenblasen, Farben zeigen. Außer der unangenehmen Eigenschaft des Rostens kommt für Küchengeräte noch eine zweite unangenehme Eigenschaft des Eisens hinzu, die, daß es sich mit gerbsäurehaltigen Speisen nicht verträgt; diese werden infolge Bildung von gerbsaurem Eisen schwarz. Derartige Schwarzfärbung beobachtet man auch an Messern, wenn sie zum Schälen von Obst benutzt werden. Das gerbsaure Eisen ist die Verbindung, welche in Lösung mit noch anderen geeigneten Zutaten (Klebstoff usw.) die schwarze **Tinte** darstellt.

Nickel Ni und **Aluminium** Al sind die Metalle der Neuzeit. Es scheint, daß für den hauswirtschaftlichen Betrieb das Aluminium nicht so recht in Aufnahme kommen will, während sich das Nickel schon von Anfang an eine geachtete Stellung erobert hat. Einer der Gründe dürfte sein, daß auch nach seiner Abnutzung das Nickel einen höheren Wert behält. Am Aluminium ist das geringe spezifische Gewicht charakteristisch, infolgedessen die daraus gefertigten Gegenstände bedeutend leichter sind als gleichgroße aus anderem Metall. — Die **Rentengeldstücke** des Deutschen Reiches zu 5, 10 und 50 Pfg. bestehen aus 91,5 Teilen Kupfer und 8,5 Teilen Aluminium.

5. Die chemischen Verbindungen.

Für jede chemische Verbindung besteht das Gesetz der **unveränderlichen Zusammensetzung**. Die Mengen der Bestandteile irgendeiner chemischen Verbindung bleiben unter allen Umständen die gleichen. Wenn ich also gefunden habe, daß z. B. im Kochsalz auf 23 Teile Natrum 35,5 Teile Chlor gekommen sind, so besagt mir das genannte

Gesetz, daß ich dieses Verhältnis überall und zu allen Zeiten wiederfinde. Ich weiß damit auch, daß, wenn ich Kochsalz bereiten will, ich auf 23 Teile Natrium nur 35,5 Teile Chlor zu nehmen brauche, und ich kann sicher sein, daß, wenn ich von dem einen oder anderen Bestandteile mehr nehme, entweder der Überschuß unangegriffen bleibt oder daß ich etwas anderes erhalte. Erhalte ich aber in irgendeinem Falle statt der erwarteten Substanz eine andere — bei der Einwirkung des Chlors auf Natrium kann ich nichts anderes erhalten —, so muß das andere Gebilde sich auch durch andere äußere Eigenschaften auszeichnen. Denn die Eigenschaften einer jeden chemischen Verbindung sind Funktionen der sie zusammensetzenden Elemente. Für den hauswirtschaftlichen Betrieb ergibt sich daraus, daß, wenn ich bei einer Substanz, die als chemische Verbindung (Kochsalz, Zucker, Stärke) oder als eine Lösung einer chemischen Verbindung (Essig) anzusehen ist, von den altgewohnten Eigenschaften abweichende finde, es sich nicht um besondere Formen handelt, sondern um die Gegenwart von Fremdsubstanzen, die mit der Hauptsubstanz nichts zu tun haben. Vom Kochsalz verlangt man z. B., daß es nicht sauer schmeckt, Zucker darf nicht bitter schmecken, und die Stärke muß beim Kochen mit Wasser einen Kleister bilden. Aus sinnfälligen Eigenschaften kann man mitunter erkennen, was mit der Substanz vorgegangen ist. So wird man wohl kaum im Zweifel sein können, daß Mehl in den gestoßenen Zucker gekommen ist, wenn letzterer sich beim Lösen in Wasser so verhält, wie wenn Mehl darunter wäre. Auf die sinnfälligen Eigenschaften der Substanzen gibt auch der Chemiker in erster Linie acht.

Die chemischen Prozesse, sowohl die aufbauenden wie die zersetzenden, vollziehen sich unter dem Einflusse der Wärme, des Lichtes und der Elektrizität. Alle meine Leserinnen und Leser haben schon gesehen, wie unter den Hufen der Pferde die Funken stieben und wie es Funken gibt, wenn am Wetzsteine oder am Stahl die Messer geschliffen werden. Diese Funken entstehen durch abgesplittertes metallisches Eisen, welches eine so starke Erwärmung erhielt, daß es sich unter Feuererscheinung mit dem Luftsauerstoff verbinden konnte. Durch solches Funkenschlagen entzündete man früher, als es noch keine Zündhütchen gab, das Pulver auf den Pfannen der Gewehre und Pistolen. Vor etwas über 60 Jahren, als der Fidibus noch im Gebrauch war, weil die Zündhölzchen noch nicht die allgemeine Anwendung gefunden hatten wie heute, war es unter der ländlichen Bevölkerung allgemein üblich, mit dem Feuerstein (Chalcedon) und Stahl Feuer zu schlagen und mit dem brennenden Zunder die Pfeife anzuzünden. Genau den gleichen Vorgang sehen wir auch bei den modernen Taschenfeuerzeugen, in denen sich in allerlei Ausführung als Metall eine Legierung befindet, die aus 70% Zer und 30% Eisen besteht und schon bei wenig kräftigem Anritzen feine Splitter abgibt, die Feuer fangen, das auf einen mit Benzin getränkten Docht übertragen wird. — Lichtreaktionen haben wir bei der Photographie[1]) und bei dem Durchpausverfahren für Zeichnungen. Die großartigste Lichtwirkung zeigt aber die Natur im Pflanzenreich bei der Assimilation der Kohlensäure. — Daß unter der Einwirkung der Elektrizität sich chemische Prozesse vollziehen können, haben wir bei Besprechung des Ozons, dessen Gegenwart sich nach Gewittern durch den eigenartigen Geruch bemerkbar macht, gesehen.

Auffällige Vereinigungen oder Zerlegungen erfolgen durch die bloße Gegenwart gewisser Substanzen, welche dabei selbst anscheinend unverändert bleiben. Derartige Substanzen nennen wir **Katalysatoren** oder Fermente. Zu ihnen gehören die feinverteilten sog. Edelmetalle Gold, Silber, Platin, die nicht nur wegen ihres hohen Preises, sondern auch darum so heißen, weil sie sich mit Sauerstoff direkt nicht verbinden; sie wirken dagegen sauerstoffübertragend. Ein Beispiel ihrer Wirkung werden wir bei Besprechung des Leuchtgases sehen, das sich durch die sog. Selbstzünder entzünden läßt. Eigenartige Katalysatoren sind im Tier- und Pflanzenreich sehr verbreitet. Auf ihre Tätigkeit werden alle Lebensvorgänge zurückgeführt. Zu diesen gehören auch die Gärungserscheinungen. Wegen der Mannigfaltigkeit der zu besprechenden Vorgänge ist das Weitere in dem Abschnitt Fermentprozesse erwähnt.

Wie die Elemente, so werden auch die chemischen Verbindungen durch **Symbole** ausgedrückt, aus denen die Natur und die Gewichtsmengen der Elemente ersichtlich sind. Schreibe ich z. B. die Formel des Chlornatriums (Kochsalzes) NaCl, so bedeutet dieses, daß die durch das Zeichen Na ausgedrückte Gewichtsmenge 23,0 mit der durch das Zeichen Cl ausgedrückten Gewichtsmenge 35,5 verbunden ist. Die den einzelnen Elementen zugeschriebenen Zahlenwerte nennen die Chemiker **Atomgewichte**, weil sie unter **Atomen** die kleinsten Teilchen eines

---

[1]) Über die chemischen Vorgänge bei der Photographie siehe Prelinger, Die Photographie (ANuG Bd. 414).

Entstehung der Verbindungen. Atom. Molekül

Elementes verstehen, die in eine chemische Verbindung eintreten und in die sich eine chemische Verbindung zerlegen kann. Was durch die Vereinigung der Elemente als kleinstes Teilchen einer Verbindung entsteht, nennen die Chemiker **Molekül** und den durch die Formel ausgedrückten Zahlenwert, der z. B. beim Chlornatrium $23{,}0 + 35{,}5 = 58{,}5$ beträgt, das **Molekulargewicht**. In den chemischen Verbindungen können die einzelnen Elemente auch mit ihrem durch ganze Zahlen vervielfältigten Betrage, also mit mehreren Atomen enthalten sein. So besteht z. B. das Molekül des chlorsauren Kaliums $KClO_3$ aus 1 Atom Kalium, 1 Atom Chlor und 3 Atomen Sauerstoff und das Mol. des Wassers H_2O aus 2 Atomen Wasserstoff und 1 Atom Sauerstoff.

Die Chemiker bedienen sich zur **Benennung der Verbindungen** eines Systems. So bezeichnen sie die Verbindungen des Sauerstoffs mit einem anderen Element als Oxyde (Zinkoxyd, Eisenoxyd) und andere Verbindungen, indem sie die Namen der zusammensetzenden Elemente einfach zusammenziehen ($NaCl$ = Chlornatrium); gewisse Verbindungen nennen sie, wenn sie bestimmte Eigenschaften haben, Säuren, andere Verbindungen Basen und Vereinigungen der Basen mit den Säuren Salze. Andere Gruppennamen, unter denen viele Einzelglieder zusammengefaßt werden, sind Eiweißstoffe, Kohlenhydrate, Senföle usw. Mit ihren gemeinschaftlichen Kennzeichen werden wir, soweit tunlich, später noch vertraut werden. Für den allgemeinen chemischen Teil unserer Betrachtungen fallen uns jetzt nur die **Säuren, Basen** und **Salze** auf.

Aus dem Worte Säuren läßt sich erraten, daß diese einen sauren Geschmack haben, aus dem Worte Salze, daß diese nach Art des Kochsalzes salzig schmecken. Die Basen dagegen schmecken laugenhaft, an Soda erinnernd. Die Voraussetzung ist hier, daß die betreffenden Verbindungen in Wasser löslich sind, was aber nur bei einem Teil derselben der Fall ist. Ein anderes Erkennungszeichen haben wir im Lackmus, einem blauen, aus gewissen Flechten zu gewinnenden Farbstoff, der in Form eines mit seiner Lösung getränkten Fließpapiers, sog. Lackmuspapiers, in der Regel benutzt wird. Die Säuren färben den blauen Farbstoff rot, die Basen machen den rot gewordenen Farbstoff wieder blau, und die Salze wirken wie viele andere Verbindungen, z. B. Zucker, die man **neutrale** nennt, weder auf den roten noch auf den blauen Farbstoff ein. Die Salze bieten durch ihr Äußeres und durch ihre Löslichkeitsverhältnisse manches Interessante. Da haben

I. Allgemeine Chemie. 5. Die chemischen Verbindungen

wir die Veränderung, die man beobachtet, wenn die Salze ihr sog. **Kristallwasser** abgeben, d. i. dasjenige chemisch gebundene Wasser, das an der Entstehung der eigenartigen Gebilde, die man Kristalle nennt, beteiligt ist (S. 17). Dieses Kristallwasser verlieren viele Kristalle an der Luft vollständig (wie das Glaubersalz) oder nur zum Teil (wie die Soda), indem sie dabei zu Pulver zerfallen. Man nennt den Vorgang Verwitterung. Beim Verwittern ändern die Salze mitunter ihre Farbe, und zwar manchmal so überraschend, daß die Übergänge von der einen Farbe zu der anderen zu ganz schönen Spielereien benutzt worden sind. So haben wir es bei den Hygrometerbildern, bei denen je nach dem Feuchtigkeitsgehalte der Luft Farbenumschläge von Blaßrot über Violett bis ins Blaue beobachtet werden, die auf trockenes und nasses Wetter schließen lassen, mit nichts anderem zu tun als mit Übergängen gefärbter Salze aus einem wasserhaltigen Zustand in einen anderen. — Daß es Salze gibt, welche aus der Luft Wasser anziehen, sahen wir an dem S. 17 erwähnten Salze, der Pottasche.

Salze, welche durch Erhitzen von ihrem Kristallwasser befreit sind, heißen **kalzinierte Salze**. Kalzinierte Soda ist also kristallwasserfreie Soda. Wird ein solches Salz mit gerade derjenigen Menge Wasser übergossen, welcher es zur Kristallisation bedarf, so tritt meist starke Erwärmung ein. Wenn kristallisierte Salze in Wasser gelöst werden, so beobachtet man meist eine Temperaturerniedrigung an der Lösung. Eine Salzlösung hat einen viel niedrigeren Gefrierpunkt als Wasser; darum werden Salze noch mit Eis Lösungen geben können. Die mitunter recht bedeutende Temperaturerniedrigung haben sich die Chemiker zur Darstellung von Kältemischungen zunutze gemacht. Eis und das überall käufliche Kochsalz ist in den Konditoreien und Haushaltungen das Kälteerzeugungsmaterial zur Darstellung von Tafeleis in den hierzu geeigneten Eismaschinen, die heutzutage in allen Geschäften, die sich mit dem Vertrieb von Haushaltungsgegenständen befassen, zu kaufen sind. Mit einer Mischung von 3 Teilen Eis und 1 Teil Kochsalz kann man bis zu einer Temperatur von — 18^0 gelangen. Mit einem Gemenge von kristallisiertem Chlorkalzium und Eis, das sich sogar bis — 37^0 abkühlt, läßt sich Quecksilber zum Erstarren bringen. Die Löslichkeit des Kochsalzes in Eis sehen wir auch beim Schneeschmelzen, wie es in den Städten zur schnellen Reinigung der Straßenbahnschienen von Schnee üblich ist, verwertet.

Im folgenden sollen zunächst die anorganischen und dann die organischen Verbindungen besprochen werden. Um diese beiden Worte **anorganisch** und **organisch** zu verstehen, kann uns für unsere Zwecke die Erklärung genügen, daß die anorganischen Verbindungen hauptsächlich im Mineralreich, die organischen hauptsächlich im Tier- und Pflanzenreich entweder vorkommen oder aus Substanzen des betreffenden Reiches dargestellt werden bzw. aus ihnen hervorgegangen sind.

a) Anorganische Verbindungen.[1)]

Die **Kieselsäure** SiO_2, welche als wesentlicher Bestandteil weit verbreiteter Gesteine auftritt, ist das Oxyd des Elements Silizium Si. Sie findet sich im freien Zustand als Bergkristall, Quarz, Sand, Rauchtopas, Amethyst, Opal, Achat, Jaspis, Chalzedon und Feuerstein. Außerdem kommt sie vor als Infusorienerde, die aus Resten zugrunde gegangener Infusorien besteht, ferner im glasigen Überzug des Strohes, des Bambus und des spanischen Rohres, im Schachtelhalm, in Seeschwämmen und in den Vogelfedern. Viele Quell- und Flußwasser enthalten ebenfalls Kieselsäure. Diese bildet mit Basen kieselsaure Salze oder Silikate, welche in der Natur noch mehr verbreitet sind als die freie Kieselsäure und den größten Teil unserer Erdrinde bilden. Von den künstlich bereiteten Silikaten interessiert uns das **Wasserglas**; es wird durch Zusammenschmelzen von Quarz- oder Feuersteinpulver mit Pottasche oder Soda erhalten und bildet nach dem Erkalten eine harte, glasartige Masse mit muscheligem Bruch. In Pulverform löst sich dieses Glas in kochendem Wasser auf, eine dicke klebrige Flüssigkeit bildend, die den Hausfrauen unter dem Namen Wasserglas bekannt ist. Das Kaliwasserglas ist aus Pottasche, das Natronwasserglas aus Soda bereitet. Unter seinen vielen Verwendungsarten möchte ich hier nur diejenige zum Konservieren der Eier erwähnen. Auch das, was man sonst allgemein unter Glas versteht, gehört zu den Silikaten.

Die **Kohlensäure** CO_2 bildet einen nie fehlenden Bestandteil der atmosphärischen Luft, von der 10 000 Raumteile etwas über 4 Raumteile von jener Verbindung enthalten. An diesem ziemlich konstanten Verhältnis ändert die beständige Zufuhr neuer Kohlensäure durch den Atmungsprozeß der vielen Millionen von Menschen und Tieren, durch

---

1) Vgl. Bavink, Anorganische Chemie (ANuG Bd. 598).

den Verwesungsprozeß und durch die vielen Feuerherde auf unserer Erde nichts, da auf der anderen Seite durch die Assimilationstätigkeit der grünen Pflanzen dauernd Kohlensäure verbraucht wird. Wie zur Aufrechterhaltung des konstanten Verhältnisses zwischen Sauerstoff und Stickstoff in der Luft die Tätigkeit der Winde das ihrige beiträgt (S. 11), so bewirkt sie auch eine unmerkbar rasche Verteilung der Kohlensäure, so daß an denjenigen Orten, wo der Kohlensäureverbrauch ein großer ist, die grünen Pflanzen doch dauernd ihr Kohlensäurebedürfnis befriedigen können und an anderen Orten sich der Kohlensäuregehalt nicht anreichert. — Die Kohlensäure findet sich ferner in den Exhalationen der Erde, namentlich in vulkanischen Gebieten, wo sie oft in großer Menge dem Boden entströmt, so daß sie technisch ausgenützt werden kann. So sollen bei Brohl in der Rheinprovinz der Erde in 24 Stunden etwa 300 kg und im Vilbeler Sprudel bei Frankfurt a. M. über 2000 kg Kohlensäure entweichen. In reichlicher Menge ist Kohlensäure auch in vielen Mineralwässern enthalten; sie fehlt jedoch in keinem Wasser, zu dessen angenehmem und erfrischendem Geschmack sie beiträgt. Kohlensäure entsteht immer bei der Gärung; sie ist somit in gegorenen Getränken enthalten. Das Perlen des Biers, des Champagners und ähnlicher Getränke rührt von deren Gehalt an Kohlensäure her. An Basen gebunden kommt die Kohlensäure in Form von kohlensauren Salzen vor. So bildet das kohlensaure Kalzium oder der Kalkstein einen Hauptbestandteil unseres Jura und der nördlichen und südlichen Voralpen. Zu den kohlensauren Salzen gehören auch die Kreide, der Marmor, Kalkspat, Muscheln, Eierschalen, echte Perlen usw. Obgleich diese Körper verschiedenes Aussehen zeigen, sind sie chemisch dasselbe: kohlensaures Kalzium.

Die Kohlensäure ist ein farbloses, schwach säuerlich riechendes und ebenso und zugleich prickelnd schmeckendes Gas, das angefeuchtetes Lackmuspapier vorübergehend schwach rötet. Die Kohlensäure ist nicht brennbar; weder die Verbrennung der Körper noch der Atmungsprozeß kann von ihr unterhalten werden. Eine Flamme erlischt in einem mit Kohlensäure angefüllten Raum; Menschen und Tiere ersticken darin.

Das spezifische Gewicht der Kohlensäure ist 1,524, also bedeutend schwerer als das der Luft (= 1). An Orten, wo Kohlensäure in bedeutenden Mengen der Erde entströmt, beobachtet man darum, daß sie durch ihr hohes Eigengewicht sich an den tiefergelegenen Stellen in

Kohlensäure. Moussierende Getränke

Höhlen und Kellern ansammelt, so daß Menschen solche Orte bisweilen betreten können, ohne Schaden zu nehmen, während kleine Tiere, wie Hunde u. a. darin ersticken müssen, da deren Kopf dem Boden näher steht und von der Kohlensäureschicht erreicht wird. Für den Menschen sehr gefährliche Ansammlungsorte der Kohlensäure sind die Gärkeller. Vermutet man in einem Keller Vorhandensein von Kohlensäure, so empfiehlt es sich, vor dem Betreten desselben eine brennende Kerze hinabzulassen oder brennendes Stroh in den Raum zu werfen; erlischt die Flamme, so droht Gefahr. Nun muß man darauf bedacht sein, die Kohlensäure zu entfernen. Dies geschieht am besten durch Schießen (nach Öffnen sämtlicher Kellerfenster) oder Abbrennen von Schießpulver. Der dabei entstehende Luftzug vertreibt die Kohlensäure. Auch durch Aufstellen von abgelöschtem Kalk läßt sich die Kohlensäure unschädlich machen, da dieser das Gas gleichsam „aufsaugt" (Bildung von kohlensaurem Kalzium). In geringen Mengen eingeatmete Kohlensäure bewirkt eine Art Trunkenheit, Schwindel, Kopfschmerzen und sogar Ohnmachten.

Unter starkem Druck oder auch bei niederer Temperatur läßt sich die Kohlensäure zu einer Flüssigkeit verdichten. Die Kohlensäure ist in Wasser wenig löslich, doch gelingt es unter Anwendung von Druck leicht, übersättigte Lösungen darzustellen. Als übersättigte Lösungen haben wir die moussierenden Getränke (Mineralwasser, Champagner usw.) zu betrachten. Vermindert man durch Öffnen einer mit einer kohlensäurehaltigen Flüssigkeit gefüllten Flasche den Druck, unter dem die Kohlensäure gestanden hat, so entweicht (nach dem, was wir S. 17 über die Löslichkeit der Gase in Wasser gehört haben) von der letzteren, und zwar um so mehr, je höher die Temperatur der Flüssigkeit ist. Beim Kühlen des Champagners wird somit nicht nur der Wein genügend temperiert, sondern auch vor einem unnötigen Verlust an Kohlensäure bewahrt. Das Entweichen der Kohlensäure aus einer Flüssigkeit zeigt sich unter der bekannten, schon erwähnten Erscheinung des Perlens. Beim Stehen an der Luft verlieren kohlensäurehaltige Flüssigkeiten das Gas beinahe vollständig. Darauf beruht das „Schalwerden" von Bier und dergleichen nach längerem Stehen.

Eine überraschende Beobachtung macht man, wenn in kohlensäurehaltigem Mineralwasser Zucker gelöst wird, wie es häufig geschieht. Man sieht dann eine lebhafte Entwicklung von Kohlensäure, selbst wenn das Wasser ziemlich in Ruhe war. Auch das ist ein rein physikalischer Vorgang. Hier wird auf die übersättigte Lösung der Kohlensäure durch die vielen rauhen Kanten des Zuckers ein mechanischer Reiz ausgeübt, der an ihrer Beständigkeit ebenso ändert wie an der Beständigkeit überkalteten Wassers, das, wie wir S. 15 gesehen haben, sofort zu Eis erstarrt, wenn es durch Bewegung mechanisch gereizt wird, seine Beständigkeit zu ändern.

Aus ihren Verbindungen wird die Kohlensäure durch die meisten Säuren ausgeschieden. Darum muß man unterlassen, Gefäße, welche Säuren enthalten, auf marmorne Unterlagen (z. B. Tische) abzustellen. Zur Darstellung der Kohlensäure werden in der Regel Marmorabfälle und Salzsäure verwendet: $CaCO_3$ (kohlensaures Kalzium, hier Marmor) + 2HCl (Salzsäure) = $CaCl_2$ (Chlorkalzium) + CO_2 + H_2O (Wasser).

Mit welcher Lebhaftigkeit die Kohlensäure bei ihrer Entwicklung auftritt, sehen wir bei der Benutzung des Brausepulvers und der brausenden Salze, die sich in Wasser unter Kohlensäureabgabe auflösen. Das gewöhnliche **Brausepulver** stellt eine Mischung von saurem kohlensaurem Natrium ($NaHCO_3$), Weinsäure und Zucker dar; beim englischen Brausepulver sind Weinsäure und saures kohlensaures Natrium (doppeltkohlensaures Natrium) getrennt gehalten, und zwar die Säure in weißer, das Natriumsalz in gefärbter Kapsel. Alle brausenden Salze, z. B. Brausemagnesia, enthalten ebenfalls neben einem wirksamen Arzneistoff doppeltkohlensaures Natrium und eine stärkere Säure, Weinsäure oder Zitronensäure. Gießt man Brausepulver oder ein brausendes Salz in Wasser, so löst sich die Säure auf und treibt aus dem ebenfalls löslichen doppeltkohlensauren Natrium die Kohlensäure aus, weinsaures bzw. zitronensaures Natrium bildend.

Die Kohlensäure dient den verschiedensten Zwecken, unter anderen zur Bereitung künstlicher Mineralwässer und anderer moussierender Getränke und zur Erzeugung des Drucks in den Bierdruckapparaten. Für alle diese Zwecke kommt sie im reinen verflüssigten Zustande in starken schmiedeeisernen Bomben in den Handel.

Salzsäure HCl und **Schwefelsäure** H_2SO_4 finden ab und zu in das Haus Eingang als Metallputzmittel, verdünnte Salzsäure auch als Arzneimittel. Vor dem Gebrauch als Putzmittel, von dem wegen der Schädlichkeit und möglicher Gefahren sehr abzuraten ist, werden die genannten Säuren mit Wasser verdünnt. Bei der Salzsäure ist es ganz gleichgültig, ob man diese ins Wasser gießt oder umgekehrt verfährt;

Brausepulver. Salzsäure. Schwefelsäure. Ammoniak

man beobachtet nur, daß die starke Säure an der Luft raucht, weil der Salzsäuredampf begierig von dem Wasserdampf der Luft absorbiert wird. Bringt man dagegen Schwefelsäure mit Wasser zusammen, so wird eine bedeutende Wärme entwickelt, indem gleichzeitig eine Zusammenziehung des Gemisches stattfindet, so daß das Gesamtvolumen geringer ist als die Summe der einzelnen Volumina. Diese Erscheinungen beruhen auf der Bildung besonderer Verbindungen der Schwefelsäure mit Wasser. Zur Bereitung von Mischungen aus Wasser und Schwefelsäure muß es als Regel gelten, niemals das erstere in die letztere zu gießen, sondern umgekehrt die Schwefelsäure in das Wasser. — Weit bessere Metallputzmittel als Salzsäure und Schwefelsäure und auch ganz ungefährliche sind diejenigen, welche aus Kreide, Kalk, Englischrot (Eisenoxyd), Magnesia, Seife und Ölsäure im wesentlichen zusammengesetzt sind.

Zu den allenthalben am meisten bekannten Verbindungen gehört das **Ammoniak**, ein farbloses Gas, in seiner wässerigen Lösung bekannt unter dem Namen Salmiakgeist. Chemisch ist das Ammoniak eine Verbindung des Stickstoffs mit Wasserstoff von der Formel NH_3. Es entsteht stets bei der Fäulnis stickstoffhaltiger organischer Verbindungen. Für die Gewinnung des Ammoniaks ist die wichtigste Quelle die Steinkohle, bei deren trockner Destillation (zum Zwecke der Leuchtgasfabrikation) sich das Ammoniak im Gaswasser ansammelt. Es bedarf nur eines Reinigungsprozesses, um zu reinem Ammoniak bzw. reinem Salmiakgeist zu kommen. — Der gewöhnliche **Salmiakgeist** enthält 10% Ammoniak; er verhält sich Lackmusfarbstoff und Säuren gegenüber wie eine Base, d. h. rotes Lackmuspapier wird gebläut, und beim Versetzen mit einer Säure tritt schließlich ein Punkt ein, wo rotes und blaues Lackmuspapier unverändert bleiben. In der Lösung befindet sich jetzt ein Ammoniaksalz, z. B. Chlorammonium (Salmiak), wenn die neutralisierende Säure Salzsäure war. Diese die Wirkung der Säuren abstumpfende Eigenschaft des Ammoniaks in Verbindung mit seiner Flüchtigkeit wird benützt, um Säureflecken (S. 115) aus Kleidungsstücken zu beseitigen. Auch bei der Anwendung des Salmiakgeistes gegen Insektenstiche will man etwa in die Wunde eingetretene Säure abstumpfen; nebenher dürfte hier aber der Salmiakgeist noch als Ätzmittel wirken. Außer dem Salmiak ist ein bekanntes Ammoniaksalz das sog. **Hirschhornsalz**, ein Gemenge von doppeltkohlensaurem Ammoniak $NH_4 \cdot HCO_3$ und karbaminsaurem Ammoniak, welches bei

I. Allgemeine Chemie. 5. Die chemischen Verbindungen

der Sublimation (trockenen Destillation) von Salmiak mit kohlensaurem Kalzium (Kreide) erhalten wird. Hirschhornsalz heißt die Verbindung, weil sie auch durch trockene Destillation von Horn (überhaupt stickstoffhaltiger Stoffe) gewonnen wird. Das Hirschhornsalz ist ein beliebtes Lockerungsmittel für Kuchenteige, da es beim Backprozesse in nur flüchtige Substanzen (Ammoniak, Kohlensäure und Wasser) zerfällt.

Medizinische Anwendung findet **Borsäure** B_2O_3, das Oxyd des Bors; sie ist eine sehr schwache Säure und bildet mit Soda unter Kohlensäureabgabe den **Borax** $Na_2B_4O_7 + 10H_2O$, der zu mehreren Zwecken verwendet wird. Die Borsäure findet sich als solche und an Basen zu Salzen gebunden natürlich vor. Die Verwendung des Borax als Füllmaterial für Seifen hat den gleichen Grund wie die Anwendung des Wasserglases (s. Waschen). Beide erleiden in wässeriger Lösung eine starke Dissoziation, d. i. einen Zerfall in Base und Säure, so daß die Lösung alkalisch reagiert. Der alkalischen Lösung kommt dann eine reinigende Wirkung zu. Einen anderen Grund hat die Anwendung des Borax als Zusatz zur Stärke beim Glanzbügeln. Unter der Hitze des Bügeleisens schmilzt hier der Borax in seinem Kristallwasser, um beim Erkalten wieder zu erstarren, wodurch neben Steife auch Glanz der Wäsche erzielt wird. — Eine sauerstoffreichere Verbindung ist das Natriumperborat $NaBO_3 + 4H_2O$, welches beim Vermischen von Boraxlösung, Ätznatron $NaOH$ und Wasserstoffsuperoxyd entsteht. Wegen seiner bleichenden Eigenschaft wird es als Bestandteil neuerer Waschmittel benutzt, z. B. des Persil.

Von den Salzen der sog. Alkalien interessieren uns das Kochsalz $NaCl$, die Soda und das doppeltkohlensaure Natrium. In der Natur findet sich das **Kochsalz** sowohl in fester Form als Steinsalz in mächtigen Lagern, so daß es hüttenmännisch gewonnen werden kann, als auch in Lösungen, besonders reichlich (2,7 %) im Meerwasser; in größeren Mengen enthalten alle Quellen Kochsalz, welche mit Steinsalzlagern in Verbindung stehen. Aus den Salzlösungen wird das Kochsalz durch Verdunsten des Wassers gewonnen. Um das natürlich vorkommende oder aus seinen natürlich vorkommenden Lösungen gewonnene Kochsalz als Speisesalz zu verwerten, muß es einer Reinigung unterworfen werden. Von den Eigenschaften des Kochsalzes ist die eine zu bemerken, daß seine Löslichkeit in kaltem und siedendem Wasser nahezu gleich groß ist (36 bzw. 39 Teile). Aus dem Kochsalz

Borsäure. Kochsalz. Soda. Kalk. Mörtel

läßt sich nach verschiedenen Methoden, deren Erörterung zu weit führen würde, **Soda** $Na_2CO_3 + 10H_2O$ erhalten. Das Verhalten dieser an der Luft ist S. 30 erwähnt. Ganz wasserfreie Soda heißt kalzinierte Soda. Soda findet sich stets in der Asche der Meerespflanzen. Über Bleichsoda s. später. **Doppeltkohlensaures Natrium** (Natriumbikarbonat) $NaHCO_3$ entsteht bei der Einwirkung von Kohlensäure auf Soda.

Unter den Verbindungen der sog. Erdalkalien hat das **Kalziumoxyd** CaO den größten Verbrauch. Denn Mörtel und Zement haben es als Grundlage. Das Kalziumoxyd heißt auch gebrannter Kalk, weil es durch Brennen des Kalksteins (d. i. natürlich vorkommenden kohlensauren Kalziums) erhalten wird: $CaCO_3$ (kohlensaures Kalzium) $=$ $CaO + CO_2$ Kohlensäure. Wird der gebrannte Kalk mit Wasser besprengt, so vereinigt er sich mit diesem zu Kalkhydrat $Ca(OH)_2$, wegen seiner ätzenden Wirkung auch **Ätzkalk** genannt, unter einer solchen Wärmeentwicklung, daß Wasser verdampft. Mann nennt dieses Löschen des Kalks. War genügend Wasser zugegen, so entsteht ein Kalkbrei oder eine Kalkmilch; filtriert man letztere, so erhält man eine wasserklare Lösung von Kalkhydrat, das sog. Kalkwasser. Dieses ist sehr empfindlich gegen Kohlensäure, durch welche es getrübt wird, so daß es stets in gut verschlossenen Flaschen aufbewahrt werden muß. Die Anwendbarkeit des gelöschten Kalks zur Bereitung von **Mörtel**, einem Gemenge von Kalk mit Sand, beruht darauf, daß der Kalk durch Aufnahme von Kohlensäure in kohlensaures Kalzium übergeht und im Laufe der Zeit eine chemische Einwirkung auf den Sand, der Kieselsäure ist, stattfindet, so daß sich kieselsaures Kalzium bildet, dem eine außerordentliche Festigkeit zukommt. Unter den gewöhnlichen Verhältnissen erfolgt der Prozeß der Kohlensäureaufnahme langsam; rascher geht er vor sich, wenn die Bauten von Menschen bewohnt werden können, da deren Atmungsluft eine ergiebige Kohlensäurequelle ist. Denn der erwachsene Mensch liefert täglich ungefähr 900 g Kohlensäure. Dieser Art des Trocknens einer Wohnung stehen vom hygienischen Standpunkte aber große Bedenken entgegen. Denn das durch den Prozeß nach der Gleichung $Ca(OH)_2 + CO_2 = CaCO_3 + H_2O$ auftretende Wasser verstopft die Poren der Wände und verhindert dadurch die notwendige Zirkulation der Luft, die in einer gesunden Wohnung stattfinden muß. Nichts einzuwenden ist aber dagegen, offene Koksöfen in Neubauten aufzustellen. Diese liefern einerseits durch den Verbrennungsprozeß die nötige Kohlensäure und anderseits die nötige Wärme zur Verdampfung des Wassers aus den Poren der Wände. Daß wir aber auch in längst bewohnten Häusern die Wände „schwitzen" sehen, hat einen ganz anderen Grund. Es wird bedingt durch die Temperaturunterschiede, genau wie das Beschlagen der Fenster. Es ist die Feuchtigkeit, die sich aus erwärmter Luft auf einen kalten Gegenstand niederschlägt.

Während der gewöhnliche Mörtel für Wasserbauten unbrauchbar ist, haben Kieselsäure und Ton enthaltende Mörtel die Eigenschaft, unter Wasser zu erhärten. Diese Mörtel nennt man **Zemente oder hydraulische Mörtel**.

Das **schwefelsaure Kalzium** kommt in der Natur als Gips, Alabaster und Anhydrit vor. Die beiden ersteren Verbindungen sind kristallwasserhaltig, entsprechend der Formel $CaSO_4+2H_2O$. Beide verlieren durch Brennen bei mäßig hoher Temperatur ihr Kristallwasser und heißen dann gebrannter Gips. Dieser verbindet sich wieder mit Wasser (beim Anrühren mit etwa der Hälfte seines Gewichts) unter Erwärmen, wobei er gleichzeitig erhärtet. Solche Eigenschaft besitzt der über 200° gebrannte Gips nicht mehr; er heißt darum totgebrannt.

Das **Kalziumkarbid**, eine Verbindung des Kalziums mit Kohlenstoff von der Formel CaC_2, entsteht durch Einwirkung des elektrischen Stromes in einem elektrischen Ofen auf ein Gemisch von Kohle und Kalk (s. ferner Azetylengas).

Von den natürlich vorkommenden **Aluminiumverbindungen** nehmen eine Feudalstellung einige Korunde, d. s. kristallisierte Aluminiumoxyde, ein: die bekannten Edelsteine **Saphir** und **Rubin**. Als das färbende Prinzip des blauen Saphirs hat man einen Eisen- und Titangehalt, als das färbende Prinzip des roten Rubins einen Chromgehalt erkannt. Saphire und Rubine mit allen Eigenschaften der natürlichen Steine lassen sich heute als Schmucksteine künstlich (synthetisch) darstellen.

Eine bevorzugte Stellung kommt noch den **Aluminiumsilikaten** zu. Denn unter ihnen findet sich das fertige und Rohmaterial unserer Töpferwaren, der Ziegelsteine, des Porzellans, der Fayence (Majolika) und des Steinzeugs. Diese sind, chemisch betrachtet, nichts anderes als gebranntes Aluminiumsilikat, das je nach seiner Verwendungsart noch besonders verglast worden ist. Bei den Töpferwaren kommen vielfach Bleiglasuren zur Anwendung. (S. 25.)

b) Organische Verbindungen.[1])

Äthylalkohol C_2H_6O heißt der den Spiritus charakterisierende Bestandteil, welcher bei der Gärung zuckerhaltiger Flüssigkeiten (s. Fermentprozesse) auftritt und nach der Vergärung durch Destillation abgeschieden wird. Die hierbei zunächst erhaltene wässerige Lösung ist der sog. **Spiritus** (Weingeist); dieser enthält im Handelsprodukt 90 bis 96% Gewichtsprozente Äthylalkohol. Der widerliche Geruch des Brennspiritus rührt von dem Denaturierungsmittel her. Dasselbe besteht aus 4 Raumteilen Holzgeist und 1 Raumteil Pyridin, einem Stoff, der sich im Steinkohlenteer findet, und soll in einer Menge von 2½ l in 100 l Spiritus enthalten sein. Der Spiritus ist ein Lösungsmittel für sehr viele organische Stoffe, z. B. Harze, und bildet darum eine der Grundlagen der Lackfabrikation. — **Hartspiritus** ist ein Erzeugnis aus Spiritus und einem Aufsaugungsmittel (vornehmlich Seife). Statt Äthylalkohol sagt man meist kurzweg Alkohol.

Essigsäure $C_2H_4O_2$ heißt die den sauren Geschmack des **Essigs** bedingende Verbindung. In Form von Speiseessig entsteht dieser beim Sauerwerden alkoholischer Flüssigkeiten (s. Fermentprozesse); je nach der Herkunft wird er dann Weinessig, Bieressig usw. genannt. In der Regel enthält solcher Essig 5—6% Essigsäure und gleichzeitig noch andere bei der Essigbildung auftretende Verbindungen, welche mit zum Geschmack beitragen. Seit einer Reihe von Jahren wird Essig auch ohne Gärung bereitet. Man bedient sich hierzu der Essigessenz, welche chemisch eine etwa 50prozentige Essigsäure ist und zum Gebrauch mit so viel Wasser verdünnt wird, daß man einen Speiseessig erhält. Das Ausgangsmaterial für die Essigessenz ist das Holz, welches bei der trockenen Destillation gasförmige, teerige und wässerige Produkte liefert. Das wässerige Destillationsprodukt ist eine braun gefärbte Flüssigkeit von stark brenzligem Geruch, der rohe Holzessig, von dem bei Besprechung der Räucherung noch die Rede sein wird. Als Speiseessig ist solcher Essig natürlich nicht zu verwenden. Um ihn als solchen verwerten zu können, muß er einer weitgehenden Reinigung unterzogen werden. Da die Essigessenz wegen ihres starken Essigsäuregehalts eine nicht ungefährliche Substanz ist, so unterliegt ihr Verkauf gewissen Beschränkungen. Zum besseren Geschmack setzt man der Essigessenz aromatisierende Stoffe hinzu.

---

[1]) Vgl. Bavink, Organische Chemie, 2. Aufl. (ANuG Bd. 187).

Fette und Öle, die sämtlich im Tier- und Pflanzenreich vorkommen, haben in ihrer chemischen Zusammensetzung das Gemeinschaftliche, daß sie Verbindungen des Glyzerins mit einer organischen Säure sind und sich unter Aufnahme von Wasser in diese beiden Komponenten zerlegen lassen. Eine solche Zerlegung nennt man allgemein Verseifung nach dem gleichartigen Vorgange, der sich beim Kochen der Fette und Öle mit Kalilauge oder Natronlauge zum Zwecke der Seifenbildung abspielt. Unter den an Glyzerin gebundenen Säuren finden sich bei allen Fetten Palmitinsäure und Stearinsäure, bei allen Ölen Ölsäure. Einzelne Fette und Öle enthalten außerdem, an Glyzerin gebunden, für sie ganz charakteristische Säuren, z. B. das Butterfett unserer Butter, die Buttersäure. Für die Verbindungen des Glyzerins mit den genannten Säuren hat der Chemiker die Bezeichnung Glyzeride. Das Mengenverhältnis, in dem in den Fetten und Ölen die Glyzeride der Palmitinsäure, Stearinsäure und Ölsäure enthalten sind, ist von Einfluß auf die Konsistenz. Je größer der Gehalt an Stearinsäureglyzerid ist, um so fester sind die Fette, je größer der Gehalt an Ölsäureglyzerid, um so weicher sind sie; die Öle enthalten darum hauptsächlich Ölsäureglyzerid und der Hammeltalg und Rindertalg Stearinsäureglyzerid. Die Fette und Öle sind in Wasser unlöslich; sie sind aber löslich in Äther, Benzol, Schwefelkohlenstoff, Chloroform und einige (z. B. Rizinusöl) in Spiritus. Ihr spezifisches Gewicht ist kleiner als 1; sie schwimmen daher auf Wasser, wie man an den Fettropfen der Fleischbrühe ja beobachtet. Die Fette und Öle sind nicht flüchtig, sondern zersetzen sich bei höherer Temperatur, meist unter Bildung einer sehr unangenehm riechenden Verbindung, des Akroleins. Auch beim Aufbewahren an der Luft tritt unter Sauerstoffaufnahme mehr oder weniger rasch eine Zersetzung ein; die einen trocknen, die anderen nicht, aber sie nehmen einen sehr unangenehmen sog. ranzigen Geruch an. Zur Unterscheidung der einzelnen Öle existieren viele Methoden, die hier aber nicht weiter erwähnt werden können. Für den Kenner ist die beste Probe die Geschmacksprobe.

Über die Gewinnung der Fette und Öle ist nicht viel zu sagen. Die animalischen Fette werden durch Ausschmelzen erhalten, und zwar im Großbetrieb mittels Dampf; die vegetabilischen Fette werden, wenn die Samen, die ausschließlich in Betracht kommen, ölreich sind, durch Pressen gewonnen, sonst unter Benutzung eines Extraktionsmittels, das später abdestilliert wird, so daß das Fett bzw. Öl zurückbleibt.

Fette und Öle. Wachsarten. Seifen

Mit den Fetten und Ölen sind verschiedene **Wachsarten** chemisch vergleichbar. Auch diese lassen sich durch den Verseifungsprozeß in zwei Komponenten zerlegen, von denen die eine gleichfalls eine Säure ist. An Stelle des Glyzerins tritt aber eine andere Komponente auf. So entsteht aus dem Bienenwachs Palmitinsäure und Myrikylalkohol, aus dem Walrat Palmitinsäure und Cetylalkohol und aus dem Karnaubawachs Cerotinsäure und Melissylalkohol.

Die wichtigsten chemisch-technischen Erzeugnisse aus Fetten und Ölen sind **Seife** und **Glyzerin**.

Unter **Seifen** verstehen wir speziell die Kalium- und Natriumsalze der in den Fetten und Ölen an Glyzerin gebundenen Säuren. Die Chemiker erweitern den Begriff und verstehen unter Seifen auch die Salze dieser Säuren mit anderer Basis; sie sprechen also z. B. auch von einer Kalkseife. Für diejenigen Seifen, welche als Basis ein Schwermetall haben (z. B. Blei), ist der Name **Pflaster** üblich. Allerdings jedes Pflaster, welches die Apotheken führen, enthält solche Metallseife nicht. Im pharmazeutischen Sinne kann jedes Mittel ein Pflaster sein, welches auf die Haut aufgeklebt wird (z. B. Spanischfliegenpflaster und Heftpflaster). Zur Fabrikation der Seifen kann man in verschiedener Weise verfahren; entweder wird das Fett bzw. Öl oder die auf anderem Wege vorher aus dem Fett gewonnene Säure mit Natron- oder Kalilauge gekocht. Im ersteren Falle verläuft der Verseifungsprozeß in dem Sinne: Fett + Alkalilauge = Seife + Glyzerin, in dem anderen Falle: Fettsäure + Alkalilauge = Seife + Wasser. Für die Natur der Seife ist es nicht einerlei, ob Kali- oder Natronlauge genommen wird. Die Kaliseifen sind nämlich weiche Seifen (Schmierseife) und die Natronseifen harte Seifen (Kernseife). Auf die Natur der Seife ist nebenbei die Natur des Fettes mit von Einfluß. So liefern die harten Fette (z. B. Talg) härtere Seifen als die Ölsäure enthaltenden Öle. Auf Einzelheiten in der Besprechung der Darstellung müssen wir verzichten. Es genügt die Kenntnis, daß die Fabrikation so geleitet wird, daß bei der Gewinnung der Natronseifen neben diesen noch eine wässerige Flüssigkeit übrigbleibt, in der sich das abgespaltene Glyzerin und die Verunreinigungen vorfinden, daß dagegen bei der Darstellung der Kaliseifen alles zusammenbleibt, was sich bei der Verseifung bildet, also Seife, Glyzerin und Verunreinigungen.

Nach dem Wassergehalt unterscheidet man die Natronseifen in Kernseifen, glatte oder geschliffene Seifen und gefüllte Seifen. Die Kernseife enthält 10—15% Wasser und zeigt kristallinische Struktur, die glatten oder geschliffenen Seifen enthalten 20—30% Wasser und zeigen keine kristallinische Struktur, die gefüllten Seifen können bis zu 70% Wasser enthalten. Unter allen Fetten hat besonders das Kokosnußfett die Fähigkeit, gefüllte Seifen zu geben, welche trotz des großen Wassergehaltes hart und trocken erscheinen. Die Kokosnußseifen geben auch leicht Schaum. Ein Gemisch von Kokosnußfett mit anderen Fetten ist das übliche Material zur Herstellung der Toiletteseifen. Marseiller Seife (Venetianische Seife) ist mit Olivenöl bereitet, Bimssteinseife und Sandseife enthalten Bimsstein bzw. Sand als mechanische Reinigungsmittel, Glyzerinseife ist eine mit Glyzerin transparent gemachte Seife. Weiteres f. im Abschnitt: Waschen und Bleichen.

Das **Glyzerin** findet sich in dem wässerigen Teile von der Verseifung, aus dem es technisch gewonnen wird. Es bildet eine dicke, süßschmeckende Flüssigkeit, die bei reinen Sorten auch farblos ist. Die meisten Handelssorten enthalten geringe Mengen Wasser. In der Kosmetik wird das Glyzerin zum Geschmeidigmachen der Haut benutzt, jedoch ist zu beachten, daß es eine wasserentziehende Substanz ist und darum Schmerz verursacht, wenn es unverdünnt auf offene Wunden kommt. Wegen der wasserentziehenden Eigenschaft bildet das Glyzerin einen Bestandteil solcher Objekte, die nicht austrocknen sollen, z. B. der Stempelkissen.

Die Gewinnung des **Zuckers** aus den Runkelrüben, welche in Deutschland allein in Betracht kommen, beruht darauf, daß der auf irgendeine Weise (durch Pressen, Zentrifugieren, Diffusionsverfahren usw.) gewonnene Saft zunächst gereinigt wird. Dann wird er eingedickt und die erhaltene dicke Masse zum Kristallisieren abgelassen. Die Zuckerkristalle werden von der Mutterlauge — so nennt man jede von den aus ihr abgeschiedenen Kristallen getrennte Flüssigkeit — getrennt und letztere nochmals zur Kristallisation eingedampft. Die keinen kristallisierbaren Zucker mehr liefernde letzte Lauge, welche braun gefärbt ist, ist die Melasse. Dieselbe enthält noch Zucker, dessen Kristallisation aber durch die Anwesenheit der Nebenbestandteile verhindert wird; um ihn zu gewinnen, muß die Melasse einer besonderen Bearbeitung unterworfen werden. Die Erörterung derselben und weiterer Einzelheiten der Zuckergewinnung würde hier zu weit führen. — Hutzucker wird durch Kristallisieren in kegelförmigen Formen erhalten; die Spitze wird ihm durch Abdrehen gegeben. Damit der Hutzucker

Glyzerin. Zucker. Milchzucker. Stärke

eine weiße Farbe erhält, wird ihm eine kleine Menge Ultramarin oder einer anderen blauen Farbe zugegeben. Diese blauen Farben sind die (Weiß erzeugenden) Komplementärfarben zur gelben, die sonst der Zucker haben würde. — Raffinade ist der besonders gereinigte reinste Zucker. — Melis ist Zucker, der an Reinheit hinter der Raffinade steht. — Kandis wird durch Kristallisierenlassen an Zwirnfäden dargestellt.

Der Zucker bildet harte Kristalle, löst sich in 0,5 Teilen Wasser auf und schmilzt, in trockenem Zustand erhitzt, bei 160° C. Der geschmolzene Zucker erstarrt nach dem Erkalten glasartig, besitzt eine gelbe Farbe und wird mit dem Namen „Gerstenzucker" bezeichnet, obgleich er mit Gerste nicht im Zusammenhang steht. Stärker erhitzt, bräunt sich der Zucker und schmeckt nicht mehr süß; er heißt dann Karamel; dieser wird, in Wasser gelöst, als Zuckercouleur meist zum Färben von Getränken verwendet.

Der **Milchzucker** wird als Nebenprodukt bei der Käsebereitung gewonnen. Beim Abdampfen der Molken (S. 56) kristallisiert der Milchzucker aus. Die Reinigung erfolgt durch Umkristallisieren.

Die **Stärke** der verschiedensten Herkunft erscheint unter dem Mikroskop als ein körniges Gebilde, an dem man mehr oder weniger deutlich einen Bildungskern und Schichtungen, die manchmal von Spalten durchsetzt sind, unterscheiden kann. Die verschiedenen Stärkearten sind aber in ihrer Form verschieden; die Unterschiede sind in einzelnen Fällen nicht groß, in anderen aber so charakteristisch, daß das mikroskopische Bild keinen Zweifel darüber läßt, welche Stärkesorte vorliegt. Obgleich die Stärke in jeder Pflanze in den Reservestoffbehältern niedergelegt ist, so sind zur Stärkefabrikation doch nicht alle Pflanzen geeignet. So verschmähen wir die Samen der Roßkastanien, die sehr stärkereich sind, wegen des bitteren Geschmacks ihrer Stärke. In anderen Fällen ist die Isolierung der Stärke zu umständlich, und wieder in anderen Fällen sprechen andere Gründe gegen ihre Gewinnung. Als geeignete Materialien zur Stärkefabrikation dienen verhältnismäßig nur sehr wenige Pflanzenstoffe. Von unterirdischen Pflanzenteilen sind es die Maniokwurzel, die in den südamerikanischen und afrikanischen Tropen verwertet wird, die mit dem Namen Yam benannten Wurzeln der verschiedenen Dioskoreaarten, die in allen tropischen und subtropischen Ländern einheimisch sind, die Wurzel der südamerikanischen Maranta und unsere einheimische Kartoffel. Wegen des Stärkegehalts sind die genannten Rohstoffe sehr geschätzt, und ihre Stamm=

pflanzen werden darum auch kultiviert. Alle tropischen Stärkesorten gehen im Handel unter dem Namen Arrowroot, unter dem man ursprünglich die Marantastärke verstand. Unter Tapioca versteht man Maniokstärke; aus dieser wird heute fast der gesamte Sago, der sich im Handel befindet und für den ursprünglich nur die Stärke der Sagopalme benutzt wurde, bereitet. Von oberirdischen Pflanzenteilen sind Rohmaterialien das Mark des Stammes der Sagopalmen und die Früchte des Weizens, des Reis und des Mais. Die Gewinnung der Stärke ist sehr einfach. Das stärkemehlhaltige Material wird zerkleinert und mit Wasser verrührt. In dem abgelaufenen Wasser setzt sich dann die Stärke wegen ihres höheren spezifischen Gewichts, welches ungefähr 1,5 ist, zu Boden. Bei der Behandlung des Weizenmehls erhält man dabei den bei den Eiweißstoffen erwähnten Kleber als Rückstand. Dieser bildet eine dehnbare, elastische Masse, die nach dem Trocknen eine hornartige Beschaffenheit annimmt und reich an Stickstoffsubstanz ist. Die Stärke nimmt leicht Feuchtigkeit und Geruch an; sie ist darum an einem trockenen und geruchfreien Orte aufzubewahren. Erhitzt man Stärke mit Wasser, so tritt eine Quellung, sog. Verkleisterung der Stärkekörner ein, bei der diese unter vollständiger Veränderung ihrer Gestalt durchscheinend werden.

Der Glanz, den gestärkte Wäsche beim Bügeln annimmt, beruht auf der Bildung von Dextrin (s. Kohlenhydrate), welches stets entsteht, wenn Stärke auf höhere Temperatur erhitzt wird.

Kollodium ist die ätherweingeistige Lösung der durch Einwirkung eines Salpeter-Schwefelsäuregemisches auf Baumwolle entstehenden Dinitrozellulose. — Eine innige Mischung dieser letzteren mit Kampfer ist das **Zelluloid**. — **Galalith** heißt eine plastische Masse, die durch Härtung des Milchkaseins mit Formaldehyd unter hohem Druck entsteht. — **Bakelite**, ebenfalls eine plastische Masse, ist ein Einwirkungsprodukt des Formaldehyds auf Karbolsäure. Galalith und Bakelite dienen wie Zelluloid zur Fabrikation von Gebrauchsgegenständen, z. B. Kämmen usw.

II. Die Chemie der Ernährung.
1. Abbau und Aufbau der Stoffe.

Seit der Mitte des vorigen Jahrhunderts ist man gewöhnt, den lebenden Körper als ein großes Laboratorium anzusehen, in dem sich unzählige chemische Prozesse nebeneinander abspielen. Aber es gelingt nicht, die Vorgänge im einzelnen in chemische Formeln einzukleiden, da sich ihr Verlauf unseren Kenntnissen entzieht. Es ist ein beständiges Entstehen und Vergehen von Stoffen, das in seiner Gesamtheit das darstellt, was wir **Stoffwechsel** nennen. Bei diesem sehen wir allerlei Arbeitsmethoden des Organismus und allerlei Arbeitsresultate, und der ganze Vorgang zwischen der Luft, die wir durch unsere Lungen aufnehmen, und den Nahrungsstoffen, die wir uns durch den Mund zuführen, erscheint chemisch als ein wahrer Verbrennungsprozeß, der zu seiner Durchführung genau dasselbe erfordert und, abgesehen von den später noch zu erwähnenden Einschränkungen, als Ergebnis genau dasselbe liefert wie etwa die Verbrennung der Kerze. In beiden Fällen ist das Erfordernis der Sauerstoff der Luft und das Ergebnis der Verbrennung Kohlensäure aus dem Kohlenstoff und Wasser aus dem Wasserstoff der verbrannten Substanz.

Von unseren Nahrungsstoffen wird der Sauerstoff durch die **Atembewegungen** aus der Luft den Lungen, die ihr eine große Oberfläche bieten, zugeführt. Hier diffundiert der Sauerstoff in das rasch zirkulierende **Blut** und wandert mit diesem, zum größten Teile mit dem Hämoglobin der roten Blutkörperchen zu Oxyhämoglobin locker verbunden, teils aber auch im Blutplasma, d. i. der eiweißreichen Blutflüssigkeit, gelöst zu den Verbrauchsstellen, wo er in das Gewebe abgegeben wird. Die dort entstandene Kohlensäure wird teils ebenfalls, aber in geringerem Maße, in Form einer Hämoglobinverbindung, teils wiederum im Blutplasma gelöst zu den Lungen zurückgeführt und als Ausatmungsluft ausgestoßen, worauf das Spiel von neuem beginnt. Dabei wechselt die Farbe des Blutes; das sauerstoffreiche arterielle Blut ist hellrot, das kohlensäurereiche venöse Blut dunkelrot. Alles andere, was nicht ein Gas ist, empfängt der Körper nicht durch die Lungen, sondern durch andere Eingänge des Körpers, so die Nahrungsmittel durch den Mund und die Arzneimittel durch den Mund, durch Einspritzungen in das Unterhautzellgewebe, von den Schleimhäuten aus und durch die Haut. Was auf solche Weise aufgenommen worden ist, findet ebenfalls seinen Weg in das Blut, und zwar die Nahrungsmittel in dem Zustande, in dem sie durch den Verdauungsapparat gebracht worden sind, und alles wird mit dem Blute zu den Organen hingeführt, wo es gebraucht wird. Das Blut dient also dem Transport aller Stoffe von und zu den einzelnen Organen.

Betrachten wir nun zunächst den Verbrennungsprozeß[1]); er vollzieht sich nicht im Blute, sondern in den Geweben. Der Vorgang ist, wie die Chemiker es nennen, exothermisch, d. h. er ist mit Wärmeentwicklung verbunden. Was sich durch die Verbrennungsvorgänge vollzieht, ist gewissermaßen das Gegenteil von dem, was in der lebenden Pflanze bei der Assimilation vor sich geht. Hier werden Verbindungen von hohem Verbrennungswerte, d. h. wie die Chemiker wieder sagen, endothermische Verbindungen erzeugt und aufgespeichert, die ihren Energieinhalt bei der Verbrennung abgeben. Dieser kommt teils als Körperwärme teils als mechanische Energie in den verschiedensten Formen wie Arbeiten, Gehen usw. zur Ausnutzung. Daraus folgt, daß in dem Arbeit leistenden Menschen die Verbrennungsvorgänge viel lebhafter als in dem ruhenden Menschen sind, und daß auch bei kalter Jahreszeit, um die Körperwärme auf der normalen Höhe von 37^0 zu erhalten, eine stärkere Verbrennung vor sich gehen muß als in der warmen. Die Intensität der Verbrennung regeln wir durch die Nahrung. Das sind Jahrtausende alte und bei allen Menschenrassen wiederkehrende Erfahrungen. Die Verbrennungsvorgänge verlaufen so gesetzmäßig, daß wir aus ihnen einen Rückschluß auf die Menge des zuzuführenden Heizmaterials in unserer Nahrung ziehen können, wenn wir das Kostmaß für einen Menschen ermitteln wollen, der im Stoffwechselgleichgewicht bleiben soll, d. i. in dem Zustande, in dem weder eine Zu- noch eine Abnahme an Körpergewicht stattfindet. Dabei haben wir die eingangs angedeuteten Einschränkungen zu machen und zu beachten, daß nicht aller Kohlenstoff verbrennt, sondern auch im Kot und im Harn und durch die Ausdünstung der Haut in irgendeiner Form abgegeben wird, und daß der in der Nahrung in Form von Eiweißstoffen aufgenommene Stickstoff sich außer im Harn in Form von Harnstoff auch in den anderen Körperausscheidungen, namentlich im Kot vorfindet. Die Berechnung ist, wie folgt. Der leicht arbeitende erwachsene Mensch gibt täglich ungefähr 245 g Kohlenstoff in Form von 900 g Kohlensäure durch Haut und Lunge ab sowie 14 g Stickstoff

---

[1]) Vgl. Boruttau, Arbeitsleistungen des Menschen (ANuG Bd. 539).

Kostmaß. Kalorienbedarf

in Form von 30 g Harnstoff. Dazu kommt, wie gesagt, noch der Kohlenstoff- und Stickstoffgehalt des Kots und der Kohlenstoffgehalt des Harns. Aus den an den Ausscheidungsprodukten ermittelten Werten ergeben sich als Nahrungsbedürfnis 120 g Eiweißstoffe, entsprechend ungefähr 64 g Kohlenstoff und 19 g Stickstoff, 80 g Fett, entsprechend ungefähr 63 g Kohlenstoff, und 330 g Kohlenhydrate, entsprechend ungefähr 147 g Kohlenstoff. Ferner gebraucht ein Mensch von 75 kg Körpergewicht bei leichter Arbeit etwa $75 \times 34 = 2550$ Kalorien. Wenn diesem die genannten Mengen Eiweißstoffe, Fett und Kohlenhydrate gereicht werden, so kommen wir zu einem Bedarf von 2589 Kalorien, d. i. so ziemlich zu dem gleichen Ergebnis, und zwar (120 g Eiweißstoffe $\times$ 4,1 Kalorien $= 492$) $+$ (80 g Fett $\times$ 9,3 Kalorien $= 744$) $+$ (330 g Kohlenhydrate $\times$ 4,1 Kalorien $= 1353$) $= 2589$. Unter Kalorien ist hier diejenige Wärmemenge verstanden, welche erforderlich ist, um 1 kg Wasser von $0°$ um $1°$ zu erwärmen. Die Kalorien werden mit demselben Apparate wie die Heizstoffe, mit dem Kalorimeter gemessen. Kohlenhydrate und Eiweißstoffe liefern je 4,1, die Fette dagegen 9,3 Kalorien. Ein Mensch von der erwähnten Art braucht für 1 kg Körpergewicht 34 Kalorien.

Nun wollen wir uns das Zustandekommen der Vorgänge klarzumachen suchen. Was dabei von den Verbrennungsvorgängen zu sagen ist, gilt auch von andern Vorgängen. Da die Verbrennung nicht in der Blutbahn stattfindet, so müssen der Sauerstoff und die zu verbrennenden Stoffwechselprodukte in den Geweben etwas vorfinden, das die Sauerstoffübertragung vermittelt. Die Vermittlerrolle müssen wir gewissen Fermenten, Katalysatoren (S. 28), zuschreiben, und wir müssen annehmen, daß auch Fermente es sind, die in anderen normal physiologischen und bei gewissen pathologischen Vorgängen die Vermittlung übernehmen. Für einen Teil der Lebensvorgänge ist dieses schon sehr lange bekannt, so für die eiweißlösende Wirkung des Magensaftes und für die Fähigkeit des Speichels, Stärke in Zucker umzuwandeln. Als das eiweißlösende Ferment des Magensaftes wurde das Pepsin und als das wirksame Prinzip des Speichels das Ptyalin isoliert. Die sauerstoffübertragenden Fermente in den Geweben müssen wir als Oxydasen ansehen (s. Essigsäuregärung). Was dann den Aufbau der verschiedenen Stoffe in dem Körper angeht, über den wir sonst keine Vorstellung haben, können wir einsehen, daß unter der Einwirkung geeigneter Fermente der Aufbau einer jeden Substanz nicht nur aus ihren eigenen Spaltprodukten, wie sie z. B. bei der Verdauung (s. d.) entstehen, möglich ist, sondern auch aus geeigneten Spaltprodukten fernerstehender Verbindungen. Chemische Arbeit sehen wir beim lebenden Organismus in manchen Fällen in geradezu auffälliger Weise, so z. B. bei Stoffwechselanomalien wie der Gicht, wo Harnsäure oder harnsaure Salze, die fertig gebildet sich in keiner Nahrung vorfinden, in den Gelenken abgelagert werden. Es wäre aber ganz verfehlt, in jedem einzelnen, was im Organismus vor sich geht, chemische Arbeit zu sehen. Das zeigen uns die Wirkungen mancher Substanzen, z. B. des Strychnins, die bei kleinen Mengen schon überaus heftig sein können, und die doch keine Veränderungen an Geweben hervorrufen. Ähnlich ist es ja auch bei der Überempfindlichkeit, Idiosynkrasie, einzelner Personen gegenüber gewissen Speisen, z. B. Erdbeeren, Honig und Krebsen. Man sieht, daß diese Personen erkranken; erklären kann man es aber nicht.

Die Wissenschaft, die sich mit der Zusammensetzung und den Vorgängen des lebenden (Pflanzen- und Tier-)Körpers befaßt, heißt Biochemie.[1])

2. Die Nahrungsmittel. Allgemeines.

Alles was für die Ernährung und Erhaltung des Menschen unentbehrlich ist, ist für ihn ein Nährstoff (Nahrungsstoff): der Sauerstoff der Luft, das Wasser, anorganische Salze und gewisse organische Verbindungen, die dem früher erwähnten Verbrennungsprozesse unterliegen und darum zur Arbeitsleistung und Wärmebildung geeignet sind. Mit Ausnahme der Luft und eines großen Teiles des Wassers vermitteln den Erwerb sowohl der anorganischen wie der organischen Nährstoffe die Pflanzen und Tiere, die uns zur Nahrung dienen. Das Mineralreich ziehen wir nur zur Beschaffung unseres Bedarfs an Chlornatrium heran, indem wir, wie wir gewöhnt sind, Kochsalz unseren Speisen zusetzen. Von anderen anorgischen Verbindungen erhält als besondere Zutaten allein der in der Entwicklung zurückgebliebene oder sonst in seiner Tätigkeit gestörte Organismus; es sind nur Verbindungen des Kalziums, Phosphors und Eisens. Daß den anorganischen Verbindungen eine nicht unwesentliche Bedeutung zukommt, fühlen und sehen wir schon. Die Knochen geben unserem Körper den festen Halt, und mit den Zähnen sind wir imstande, sehr harte

---

1) Vgl. Löb, Einführung in die Biochemie (AnuG Bd. 352).

Chemische Arbeit. Anorganische und organische Nährstoffe

Gegenstände zu zerbeißen. Körperbestandteile von solchen Eigenschaften können aber nur aus Elementen des Mineralreiches bestehen. Die anorganischen Bestandteile, welche bei der Verbrennung als Asche zurückbleiben, betragen ungefähr 3 kg für den erwachsenen Menschen. Außer den genannten Elementen Kalzium, Phosphor und Eisen und den Elementen des Chlornatriums finden sich in solcher Asche auch noch Schwefel, Kalium, Magnesium, Silizium und Fluor als regelmäßige Bestandteile, selbstverständlich in gebundener Form. Der menschliche Körper enthält ferner ungefähr 70 % Wasser, in der Jugend mehr.

Wie die organischen Stoffe unseres Körpers, so werden durch den Lebensprozeß auch die anorganischen Stoffe beständig verbraucht. Für den Verlust muß also beständig Ersatz geboten werden. Solchen Verlust und die Notwendigkeit des Ersatzes empfinden wir, was das Wasser angeht, sogar direkt. Das Verdunsten durch die Haut und der Durst sind damit verbundene Erscheinungen. Daß auch die Zähne ernährt werden müssen, haben wir gar zu oft Gelegenheit, an uns oder an anderen zu beobachten. Die anorganischen Nährstoffe sind, weil nicht verbrennbar, zur Arbeitsleistung und Wärmebildung nicht geeignet.

Die Nahrungsmittel, mit denen wir im Verbrennungsprozesse neue Energie erzeugen, enthalten stickstoffhaltige und stickstoffreie Nährstoffe.[1]) Unsere stickstoffhaltigen Nährstoffe sind die Eiweißstoffe, unsere stickstoffreien die Fette und die Kohlenhydrate. Man nennt die ersteren Eiweißstoffe, weil deren Hauptrepräsentant das Hühnereiweiß ist. Außer Kohlenstoff, Stickstoff, Sauerstoff und Wasserstoff findet sich in ihnen auch noch gebundener Schwefel, bisweilen auch Phosphor, wie z. B. im Kasein, von dem bei Besprechung der Milch noch die Rede sein wird. Die eiweißreichsten Nahrungsmittel liefert das Tierreich; unter den Nahrungsmitteln des Pflanzenreichs sind nur die Hülsenfrüchte eiweißreich. Die Fette entnehmen wir sowohl den animalischen wie den vegetabilischen Nahrungsmitteln, die Kohlenhydrate fast ausschließlich den letzteren. Das wichtigste Kohlenhydrat des Tierkörpers ist der Milchzucker der Milch. Da sowohl das Pflanzenreich wie das Tierreich uns die nötigen Nährstoffe liefern kann, so ist es vom theoretischen Standpunkte einerlei, ob wir ausschließlich von animalischer oder vegetabilischer oder aus beiden gemischter Kost leben. Tatsächlich sehen wir auch die verschiedensten Völkerschaften entweder in der einen oder in der anderen Art ihr Nahrungsbedürfnis befriedigen; auch der

---
1) Vgl. Zuntz, Ernährung und Volksnahrungsmittel (ANuG Bd. 19).

Effekt in der Arbeitsleistung ist gleich, wenn nur das richtige Mischungs=
verhältnis zwischen stickstoffhaltiger und stickstoffreier Nahrung vor=
liegt. Wie dieses beschaffen sein muß, haben wir S. 47 aus dem Ver=
hältnis zwischen der Kohlenstoff= und der Stickstoffausscheidung sowie
aus dem Kalorienbedarf abgeleitet. Aus den angegebenen Zahlen
folgt, daß die ausschließliche Ernährung mit Eiweißstoffen, bei der
auch der gesamte Kohlenstoffbedarf gedeckt werden könnte, gar nicht
ökonomisch ist, da hierbei größere Stickstoffmengen unnötig verloren
gehen. Rationell ist also eine aus stickstoffhaltiger und stickstoffreier
Nahrung gemischte Kost. Was nun die Frage angeht, ob Kohlen=
hydrate und Fette sich gegenseitig ersetzen können, so haben wir die
beste Antwort, wenn wir das jeweilige Anpassungsbedürfnis des
Menschen an die stickstoffreie Nahrung der Gegend, in der er lebt, be=
trachten. Im Süden und im Norden sehen wir reichliche Verwendung
von fetten Ölen (Olivenöl, Lebertran) und bei uns mehr den Genuß
der Kohlenhydrate in Form von Stärke und Zucker in den Kartoffeln,
Mehlspeisen, Möhren usw. Fette und Kohlenhydrate können sich also
in unseren Nahrungsmitteln gegenseitig ersetzen; daß der Körper aus
Kohlenhydraten Fett bilden kann, sieht man an der Mästung der
Tiere. Unsere stickstoffhaltigen Nährstoffe nehmen wir in unseren
Nahrungsmitteln gleichfalls unter den verschiedensten Gestalten in uns
auf. Zu einer eigenartigen Zusammenstellung bringen uns aber unsere
Eiweißquellen. Den (S. 47) geforderten 120 g Eiweißstoffen ent=
sprechen ungefähr 270 g Käse, 550 g Fleisch, 1100 g Weizenmehl,
1500 g Reis, 5000 g Kartoffeln und 500 g Erbsen. Da begegnen wir
also mitunter Mengen, die auch der kräftigste Magen nicht bewältigen
kann, um so mehr als es eine allgemeine Erfahrung ist, daß die pflanz=
lichen Nahrungsmittel eine viel größere Anforderung an die Verdau=
ungstätigkeit stellen. Denn in ihnen sind die Nährstoffe meist in Zellen
untergebracht, die den Verdauungssäften gegenüber sehr widerstands=
fähig sind, so daß die pflanzlichen Nahrungsmittel schlechter ausgenutzt
werden und darum auch einen geringeren Nährwert haben. Wir kom=
men somit wieder zu dem Resultat, daß das Nahrungsbedürfnis am
besten aus Nahrungsmitteln sowohl des Tier= wie des Pflanzenreichs
befriedigt wird, wie es ja in der Regel auch geschieht. Die so zusam=
mengesetzte Kost nennt man **gemischte Kost**. Auf Fragen psycho=
logischer Art, wie die eine oder andere Nährweise z. B. auf den Cha=
rakter einwirke, kann hier nicht eingegangen werden.

Gemischte Kost. Verdauung

Folgende Aufstellung zeigt die annähernden Werte im Prozentgehalt einiger Nahrungsmittel des Tier- und Pflanzenreichs an Wasser, Eiweiß (Stickstoffsubstanz), Fett, Salzen (Mineralbestandteilen) und Kohlenhydraten:

	Wasser	Eiweiß	Fett	Salze	Kohlenhydrate
Fleisch	70—75	17—21	1—3	1	
Fische	60—80	15—20	1	1,25	
Weizen- u. Roggenbrot	34	7	0,5	1	53
Kartoffeln	75	2,5	0,25	1,25	20
Weizenmehl	13	10,5	1,2	0,75	73
Reis	15	8	1	1,5	75
Erbsen	15	24	2	2,5	53
Obst	80—85	0,5	—	0,75	11—12
Gemüse	85—95	1—4	0,25	1	2—4

Für den gesunden, einzelnen Menschen, der über seine Ernährungsweise nach Belieben verfügen kann, mag es ganz gleichgültig sein, ob er heute so und morgen anders lebt. Die Bedeutung der Ermittlung des Nährwertes der verschiedenen Nahrungsmittel tritt aber sogleich hervor, wenn es sich um Massenernährung handelt, wie sie bei der Verpflegung der Soldaten und Gefangenen geschieht. Die Kost dieser wird durch Werte festgesetzt, die für das Nahrungsbedürfnis wissenschaftlich ermittelt wurden, damit jene Personen nicht durch eine fehlerhafte Beköstigung körperlich geschädigt werden.

Von dem Augenblick an, wo unsere Nahrungsmittel in den Mund aufgenommen werden, unterliegen sie einer fortdauernden Veränderung. Da wird schon gleich durch den Speichel die pflanzliche Stärke, welche als solche für die Ernährung unbrauchbar ist, in Traubenzucker umgewandelt, dann werden im Magen die Eiweißstoffe teilweise in Albumosen übergeführt; im Zwölffingerdarm erfolgt eine weitere Verdauung der Eiweißstoffe und der Stärke und eine Verdauung des Fettes und im Dünndarm ein weiterer Abbau der Albumosen und der aus ihnen hervorgegangenen Peptone. Was aus den resorbierten Nahrungsstoffen bei der Verdauung schließlich geworden ist, ist uns nicht bekannt. Jenseits des Verdauungsapparates beginnt in den Geweben aber wieder ein neuer Aufbau, und wir sehen Fett, Eiweißstoffe und die vielen anderen Stoffe entstehen, die den einzelnen Organen eigentümlich sind. Darüber, aus welchen Einzelbestandteilen der Aufbau der verschiedenen Stoffe in dem Körper erfolgt, haben wir keine Vorstellung. Welche Rolle Fermente bei diesen Vorgängen spielen, wurde S. 47 erwähnt.

Von den anorganischen Verbindungen bedürfen wir an Kochsalz täglich 10—15 g; in Wirklichkeit nehmen wir aber bedeutend mehr zu uns. Die größte Schwierigkeit bei der Aufnahme bietet mitunter das Eisen. Denn wo es an Eisen fehlt, da treten die Erscheinungen auf, die man gewöhnlich unter dem Namen Bleichsucht zusammenfaßt. Wenn wir an die Ernährung des Säuglings und daran denken, daß das Eisen zur Bildung der roten Blutkörperchen dient, dann müßten wir meinen, daß Milch und Blut alles böten, was der Mensch an Eisen bedarf, wenn solches von außen zugeführt werden soll. Das ist aber keineswegs der Fall. Denn der Eisengehalt der Milch und des Hämatins der roten Blutkörperchen ist so gering, daß beide für die Eisenzufuhr nicht in Rechnung kommen. Auch das Neugeborene kommt mit dem Eisengehalt der Milch nicht aus. Es stillt sein Eisenbedürfnis aus den in seiner Leber aufgespeicherten Eisenreserven, und es ist auf Eisen, das ihm von außen zugeführt wird, angewiesen, wenn das Reserveeisen aufgebraucht ist. Das tritt mit dem Punkte ein, wo die sog. Abgewöhnung beginnt und ihm andere Nahrungsmittel gereicht werden. Als Eisennahrung kommt Milch also nicht in Betracht. Wie ist es nun mit dem Blute? Früher war das Bluttrinken einmal üblich, und heute kommen verschiedene Blutpräparate in den Handel, die teilweise außer dem roten Blutfarbstoff noch andere Bestandteile des Blutes enthalten. Es wird nun auf Grund experimenteller Untersuchungen behauptet, daß das Hämatin, in dem das Eisen so fest gebunden ist, daß es erst nach der Veraschung nachgewiesen werden kann, überhaupt nicht verdaut wird. Damit würden alle Blutpräparate als ungeeignet ausgeschieden. Mit der Erkenntnis, daß das Reserveeisen in der Leber angesammelt ist, ist man dazu übergegangen, dasselbe aus dem Zellgewebe der Leber zu isolieren und mit den nachher ebenfalls isolierten Eisenverbindungen unserer Nahrungsmittel zu vergleichen. Alle diese Eisenverbindungen sind untereinander identisch. Auch künstlich läßt sich diese Verbindung darstellen. Unter dem Namen Serratin findet sich diese künstlich dargestellte Eisenverbindung im Handel; ihre Lösung führt den Namen Serratose. Doch damit soll kein abschließendes Urteil über die vielen anderen Eisenpräparate, die arzneilich angewendet werden, ausgesprochen werden. Denn unter den Ärzten sehen wir bei der Eisentherapie, an die sich viele noch ungelöste Fragen knüpfen, auch die Richtung vertreten, daß jedes Eisenpräparat wirksam sei, wenn es von dem Organismus nur vertragen wird. Wie kompliziert das Problem der medikamentösen Einverleibung des Eisens ist, sehen wir daran, daß den Ärzten heute viele hundert Eisenpräparate, die man unmöglich aufzählen kann, zur Verfügung stehen und daß so alte eingebürgerte Arzneiformen wie apfelsaure Eisentinktur und Blaudsche Pillen neben allen Neuheiten ihren Platz noch immer behauptet haben.

Nach dem Stande der heutigen Medizin müssen wir annehmen, daß den Elementen des Mineralreichs für den Aufbau und den Stoffwechsel eine weit größere Bedeutung zukommt, als man früher angenommen hat.

3. Die Eiweißstoffe.

Aus dem Worte geht hervor, daß der Chemiker eine Anzahl von Verbindungen kennt, welche dem Hühnereiweiß nahestehen. Man nennt diese Körper auch Albuminstoffe und Proteine. Wie schon erwähnt, ist allen ein Schwefelgehalt, einigen außerdem ein Phosphorgehalt gemeinsam. Über ihre chemische Konstitution ist nichts bekannt. Auf künstlichem Wege hat man aber Verbindungen erhalten, welche in ihrem Verhalten den Eiweißkörpern so gleichen, daß man annehmen kann, daß die Konstitution der letzteren der der anderen analog ist. Die Schwierigkeit der Isolierung der Eiweißkörper im reinen Zustande ist bei vielen überaus groß. So kommt es, daß unsere Kenntnis auf diesem Gebiete in jeder Beziehung eine sehr lückenhafte ist. Es würde für diese Betrachtung zu weit führen, auf das chemische Verhalten der Eiweißstoffe weiter einzugehen, als es schon bei Besprechung des Schwefelwasserstoffs geschehen ist, und direkt in die Augen fallende Eigenschaften weiter zulassen. Da haben wir die Eigenschaft des Hühnereiweißes, des Albumins, beim Erhitzen zu koagulieren, dann die Eigenschaft des Kaseins der Milch, aus seiner Lösung durch Zusatz einer Säure oder anderer Stoffe gefällt zu werden, ferner die Eigenschaft des Bluteiweißes, des Fibrins, nach dem Austritt aus dem lebenden Organismus bei der Berührung mit der Luft zu gerinnen. Das sind typische Eigenschaften, denen wir auch bei Eiweißkörpern anderer Herkunft begegnen, so daß wir nach diesem Verhalten Albumine, Kaseine und Fibrine zu unterscheiden berechtigt werden. In den Muskelfasern haben wir den Typus unlöslicher Eiweißkörper, und in den Gerüstsubstanzen des Bindegewebes, der Haare, Federn, Klauen, Nägel, des Fischbeins, Schildpatts und des Badeschwammes Verbindungen, welche den Eiweißkörpern sehr nahe stehen. In nahe Beziehung zu den Eiweißkörpern stellt der Chemiker auch die Fermente, die im lebenden Pflanzen- und Tierkörper eine ganz bedeutende Rolle spielen, die Toxine, die als Bakterienausscheidungsprodukte verschiedene unserer gefürchteten Krankheiten hervorrufen, und die ihnen entgegenwirkenden Antitoxine, von denen das Diphtherieantitoxin, Diphtherieheilserum, das dem Laien bekannteste ist, und die Schlangengifte.

Im besonderen sei folgendes erwähnt:

Das deutsche Bauernhuhn liefert Eier, die etwa 55 g wiegen; ein solches Ei enthält im Durchschnitt 6 g Schale, 33 g Eiweiß und 16 g Eigelb. Die Eierschalen enthalten 95 % Mineralstoffe, die hauptsächlich aus kohlensaurem Kalzium bestehen, und bis zu 5 % organische Bestandteile. Der Inhalt des Eies besteht zu 73,6 % aus Wasser, 12,6 % aus Stickstoffsubstanz, 12 % aus Fett, 0,7 % aus stickstoffreien Extraktivstoffen und 1,1 % aus Mineralbestandteilen. Das Eiweiß löst sich in kaltem Wasser, nachdem die Zellenhäute, die es umgeben, entfernt wurden. Bei etwa 63°C gerinnt das Eiweiß zu einer weißen, durchscheinenden, weichen, in Wasser unlöslichen Masse, die, wenn auch hart gekocht, aber gut gekaut, vollkommen verdaut wird, wie denn überhaupt das gute Kauen beim Essen ein Haupterfordernis ist; von dem Eigelb sind geringe Mengen in den Verdauungssäften unlöslich. Der Eidotter verdankt seine Farbe einem nicht näher bekannten Farbstoff, einem sog. Lipochrom. Von den anderen Bestandteilen des Eidotters ist das Ieröl, welches in der Sämischgerberei Verwendung findet, und vor allem das Lezithin, eine phosphorhaltige Verbindung, zu erwähnen. Letzteres gehört zu den funktionell wichtigsten Verbindungen des tierischen Organismus, und man findet es in allen Zellflüssigkeiten; besonders reichlich ist es in den Nerven, im Blut, im Eidotter und im Gehirn enthalten. Ja, hier ist es der Stoff, auf den sich der Ausspruch Moleschotts bezieht: „Ohne Phosphor kein Gedanke." Dem Lezithin wird eine große Bedeutung für die Ernährung zugesprochen, und darum hat man es in der verschiedenartigsten Form, z. B. als Lezithinlebertran, Lezithinschokolade usw. und in mannigfaltigen Kombinationen z. B. mit Brom, Jod, Eisen usw. in den Handel gebracht.

Die Milch ist nicht nur das älteste, sondern auch eines der wichtigsten Nahrungsmittel. Dem Menschen dient sie in den ersten Monaten seines Lebens als ausschließliche Nahrung, und auch später ist es immer

Eier. Milch

wieder die Milch und die daraus bereitete Butter und der Käse, die wir als wertvolle Nahrungsmittel zu schätzen wissen. Die Milch wird von den Milchdrüsen der Säugetiere abgeschieden. Die Milch der Säugetiere reagiert schwach sauer und schwach alkalisch, erscheint in dickeren Schichten als eine weiße bis gelblichweiße, undurchsichtige Flüssigkeit, die neben gequollenen und aufgelösten Eiweißstoffen, Milchzucker und Salzen fein verteiltes Fett suspendiert enthält, und besitzt einen milden, süßlichen Geschmack. Für die Haltbarkeit und Güte der Milch ist von der größten Bedeutung, daß bei ihrer Entnahme von den Tieren in allen Punkten (Kleidung, Hände, Geschirre, Euter usw.) die größte Reinlichkeit beobachtet wird.

Die mittlere Zusammensetzung der Kuhmilch ist nach König folgende: 87,27% Wasser, 3,39% Stickstoffsubstanz (2,88 Kasein, 0,51 Eiweiß), 3,68% Fett, 4,94% Kohlenhydrate (Milchzucker), 0,72% Mineralbestandteile. Als spezifisches Gewicht einer guten Milch dürfte 1,029—1,034 bei 15° anzusehen sein. Eine derartige Milch wird Vollmilch oder ganze Milch genannt, zum Unterschied von der abgerahmten Milch oder Magermilch. Außer den aufgezählten Bestandteilen enthält die Milch noch manche andere, wenn auch nur in Spuren. Unter diesen sind dem Konsumenten diejenigen auffallend, welche der Milch eigenartigen Geschmack und Geruch erteilen, und deren Vorhandensein mit der jedesmaligen Fütterung zusammenhängt.

Das in der Milch enthaltene Fett bildet kleine Kügelchen, die sich eine Zeitlang schwebend erhalten und die Undurchsichtigkeit der Milch bedingen. Das spezifische Gewicht einer fettreichen Milch ist niedriger als dasjenige einer fettarmen. Läßt man frische Milch 12—48 Stunden lang ruhig stehen, so scheidet sich das spezifisch leichtere Milchfett von der schwereren Milchflüssigkeit nach oben ab. Diese Ansammlung der Fettkügelchen auf der Milch nennt man **Rahm** oder **Sahne**. Der natürliche süße Rahm enthält etwa: 67,61% Wasser, 4,12% Stickstoffsubstanz, 23,80% Fett, 3,92% Milchzucker, 0,55% Mineralbestandteile. Der aus saurer Milch abgeschiedene Rahm heißt saurer Rahm. Der Rahm, sowohl der süße wie der saure, ist das Ausgangsmaterial für die Buttergewinnung (s. Butter).

Derjenige Teil der Milch, welcher sich bei der Säuerung als Gerinnsel abscheidet, ist der charakteristische Eiweißstoff, das **Kasein**. Dasselbe ist in der Milch in Form seines Kalziumsalzes enthalten. Kleine Mengen dieses Kalziumsalzes scheiden sich beim Kochen der Milch als das zarte Häutchen ab, welches sich sogleich von neuem bildet, wenn man das frühere abgenommen hat. Die freiwillige Säuerung der Milch geschieht unter dem Einflusse der aus der Luft hinzugetretenen Milchsäurebakterien, welche den Zucker der Milch (s. Milchzucker) in Milchsäure überführen. An Stelle der freiwilligen Säuerung kann man auch eine künstliche durch jede beliebige Säure treten lassen; auch Lab, das Ferment des Labmagens der Kälber, scheidet aus der Milch das Kasein ab. Das Kasein gehört zu den phosphorhaltigen Eiweißkörpern. (Über Käse s. unten.) Nach Entnahme des Kaseins aus der Milch hinterbleibt eine fast klare Flüssigkeit, die sog. **Molke**, welche noch etwas Fett, Eiweiß und bis zu 5 % Milchzucker enthält.

Geronnene Milch, von der der Rahm nicht entfernt ist, führt den Namen **Dickmilch**. — Die Milch der verschiedenen Tierarten hat keineswegs eine gleiche Zusammensetzung. Kuhmilch und Ziegenmilch sind in ihrer Zusammensetzung ziemlich gleich, haben aber bei annähernd gleichem Fettgehalt einen bedeutend höheren Gehalt an Kasein und einen niedrigeren Gehalt an Milchzucker als Frauenmilch. Kuhmilch und Ziegenmilch sind somit kein gleichwertiger Ersatz für Frauenmilch. Um solcher Milch eine der letzteren ähnliche Zusammensetzung zu geben, sind verschiedene Verfahren zur Ausführung gekommen. — Kondensierte Milch ist eine Konserve, die durch Eindampfen der Milch im luftverdünnten Raum meist unter Zusatz von Zucker fabrikmäßig gewonnen wird. — Unter Milchpulver, das im Handel vorkommt, versteht man meist abgerahmte Milch, die zur Trockene verdampft und gepulvert wurde.

Die **Fälschungen** der Milch bestehen meist in einem Zusatz von Wasser oder der Entfernung des Rahms. Durch letztere Manipulation wird die Milch spezifisch schwerer (s. S. 55). Raffinierte Fälscher wenden daher beide Verfahren an, indem sie der schwerer gewordenen entrahmten Milch so viel Wasser zusetzen, bis sie das etwas geringere spezifische Gewicht einer normalen Milch wieder erlangt hat; denn die Beimischung von Wasser drückt das spezifische Gewicht einer entrahmten Milch wieder herab. Ein solches Produkt ist zwar durch das spezifische Gewicht von reiner Milch nicht mehr zu unterscheiden, es wird aber viel dünner und sieht bläulichweiß aus anstatt gelblichweiß. Eine solche Doppelfälschung kann nur durch genaue chemische Analyse festgestellt werden.

Unter **Käse** versteht man das Milchkasein in dem Zustande, in wel-

Milch. Käse. Kleber. Fleisch

chem es als konsumfähige Ware in den Verkehr kommt. Die einfachste Form ist der Weichkäse, welcher aus abgerahmter Milch ausgeschieden und von den Molken abgeseiht wird.

Die verschiedenen Käsesorten werden in der Regel aus süßer Milch dargestellt, indem abgerahmte oder nicht abgerahmte Milch durch Labflüssigkeit (s. S. 56) zum Gerinnen gebracht und das ausgeschiedene Kasein, welches Fett und etwas Milchzucker mit niedergerissen hat, nach dem Auswaschen, Salzen und Würzen einem Reifungsprozeß unterworfen wird. Dieser gleicht teils einem Fäulnis-, teils einem Gärungsprozeß; durch ihn wird das Speckigwerden des Käses bedingt. Unter magerem Käse versteht man den aus abgerahmter Milch bereiteten, unter Fettkäse den aus nicht abgerahmter und unter Rahmkäse solchen, bei dessen Gewinnung der Milch noch Rahm zugesetzt worden war. Um dem Käse mehr Farbe zu geben, wird er manchmal durch Orleanauszug gefärbt. Die rote Farbe der Kruste des Edamerkäses wird durch Tournesol hervorgerufen, einem roten Farbstoff, der aus dem Safte der Früchte und Blumenblätter der zur Familie der Euphorbiazeen gehörigen Crozophora tinctoria gewonnen wird.

Der **Kleber** des Weizens, welcher bei der Stärkefabrikation in großen Quantitäten gewonnen wird, wird zu Ernährungszwecken ebenfalls benutzt. Hauptsächlich wird er bei Diabetikern verwendet. Kleberbrot, Aleuronat und Aleuronatbrot sind derartige aus Kleber bereitete Fabrikate. Der Kleber ist keine einheitliche Substanz. Die beiden Bestandteile Gluten und Gliadin haben bei der Brotbereitung eine Bedeutung.

Außer Fett-, Eiweißstoffen und dem beim Kochen in Leim übergehenden und die Muskelfasern zusammenhaltenden Bindegewebe enthält das **Fleisch** noch geringe Mengen eines Kohlenhydrats, das Glykogen, und die sog. Fleischbasen, welche mit dem Koffein des Kaffees und des Tees teilweise chemisch verwandt sind. Diese Fleischbasen sind das Kreatin, Sarkin, Xanthin, Hypoxanthin u. a. Das Fleisch frisch geschlachteter Tiere ist zäh und fest und behält diese Eigenschaft bei der Zubereitung. Es reagiert auch neutral. In wenigen Stunden weicht aber die neutrale Reaktion einer sauren, die durch die Bildung von Milchsäure hervorgerufen wird. Dabei gerinnt das Muskeleiweiß, das Myosin, und es tritt im allgemeinen der Zustand ein, den man Totenstarre nennt, und der bei beginnender Fäulnis wieder aufgehoben wird. Durch die entstandene **Milchsäure** wird das Bindegewebe gequollen, wodurch das Fleisch aufnahmefähig für Wasser wird und nach dem Kochen von den Zähnen leichter zerkleinert werden kann. Das bedingt selbstverständlich auch einen besseren Geschmack. Die Qualität des Fleisches hängt viel von der Qualität des Tieres ab, von dem es stammt; so unterscheidet sich bekanntlich das Fleisch gemästeter Tiere wesentlich von dem magerer und das Fleisch junger Tiere von dem alter. Beim Fleisch gemästeter Tiere ist der Wasser- und Eiweißgehalt geringer als bei dem magerer Tiere, dagegen der Fettgehalt und darum der Nährwert größer. Beim Fleisch junger Tiere wird das Bindegewebe wegen seiner Zartheit leichter gelöst als beim Fleisch älterer Tiere, mit dem aber wegen des größeren Extraktgehalts immerhin gute Suppen bereitet werden können. Von Einfluß auf die Qualität des Fleisches ist auch die Rasse, die Art der Fütterung und die Tötungsart. Was die letztere angeht, erwähne ich, daß vor dem Schlachten die Tiere ausgeruht haben sollten, damit sich dieselben besser verbluten können. Bekannt ist endlich, daß das Fleisch verschiedener Körperstellen ein und desselben Tieres sich durch verschiedenartigen Geschmack auszeichnet.

Zum Fleisch zählt der Metzger immer etwas, was wir auch nach dem Kochen und Braten doch nicht genießen können, wir aber trotzdem beim Kochen gern verwenden, die **Knochen**. Diese haben als anorganische Grundlage phosphorsaures Kalzium und als organische Grundlage leimgebende Knorpelsubstanz, welche beim Kochen in Lösung geht. Um so reichlicher geben die Knochen Leim, je weicher und schwammiger sie sind. Ein geschätzter Teil der Röhrenknochen ist das Mark, welches nahezu aus reinem Fett besteht.

Es ist die Frage zu erörtern, ob der **Fleischbrühe** ein Nährwert zukommt. Was an löslichen Substanzen beim Kochen aus dem Fleische ausgezogen wird, sind anorganische Salze (Chlornatrium, Chlorkalium und phosphorsaures Kalium), ferner Milchsäure, Glykogen, die Fleischbasen, Leim, Fett und die der Fleischbrühe den Geruch erteilenden Extraktivstoffe. Die Summe dieser Bestandteile beträgt in einer guten Fleischbrühe 1,5—2 %. Daraus ergibt sich schon der geringe Nährwert. Man kann die Fleischbrühe nur als angenehmes Genußmittel ansehen, das die Sekretion des Magensaftes anregt (s. Fleischextrakt).

Beim Vergleich der Werte der verschiedenen Fleischsorten geben manche Chemiker dem **Pferdefleisch** eine Empfehlung mit auf den Weg. Es wird dabei so dargestellt, als ob die Abneigung vieler gegen das Pferdefleisch ein Überbleibsel früherer Kirchenverbote sei, die von den Päpsten erlassen wurden, um die Erinnerung an den altgermanischen Gottesdienst, bei dem Pferdeopfer dargebracht wurden, auszutilgen. Das trifft aber sicher schon lange nicht mehr zu. Denn nicht nur Pferdefleisch war von den Päpsten verboten, sondern auch noch viele andere Fleischsorten, das Fleisch der Raben, Häher und Störche, des Bären, des Bibers und des Hasen. Jene Vögel fehlen bei uns zwar auch noch auf der Speisenkarte, und den Biber kennen wir nicht in unseren Gegenden. Aber Bärenfleisch verkaufen, wenn die Gelegenheit es bringt, unsere Wildbrethändler, und den Hasen lassen wir uns ohne jedes Bedenken schmecken. Die Abneigung gegen das Pferdefleisch macht die Qualität des Materials, das zum Schlachten kommt. Gesunde, vollwertige Pferde sind zu teuer, als daß sie bei uns zum regelmäßigen Schlachten kommen könnten.

Durch die in der Neuzeit so sehr in Aufnahme gekommene Kältekonservierung wurde die Einbürgerung des frischen Fischfleisches als Volksnahrungsmittel in solche Gegenden ermöglicht, welche weitab von der Küste liegen. Das **Fischfleisch** wird von dem Verdauungsapparat durchgehends ebensogut ausgenutzt wie das Fleisch der Säugetiere, dem es auch in seinem Gehalt an Eiweißstoffen ziemlich gleichkommt. Dagegen ist es arm an Extraktivstoffen, so daß die Fischfleischbrühe als Suppe unbeachtet bleibt.

4. Die Fette.

Nach der Besprechung der Chemie der Fette an anderer Stelle (S. 40) interessieren uns vom chemischen Standpunkte hier die **Butter** und vom volkswirtschaftlichen Standpunkte die **Butterersatzmittel**.

Unter Butter kurzweg versteht der in dem Reichsgesundheitsamt ausgearbeitete Entwurf zu Festsetzungen über Speisefette und Speiseöle das durch eine schlagende, stoßende oder schüttelnde Bewegung, den sog. Butterungsprozeß, aus dem Rahm der Kuhmilch oder auch aus dieser abgeschiedene innige Gemisch von Milchfett und wässeriger Milchflüssigkeit, das durch Kneten zu einer gleichmäßigen Masse verarbeitet, von der Buttermilch und dem zum Kühlen und Waschen verwendeten Wasser möglichst befreit und vielfach auch mit Kochsalz versetzt ist. Butter aus der Milch anderer Tiere (Schafe, Ziegen) ist als solche besonders zu bezeichnen. Nach dem Bundesratsbeschluß vom 1. März 1902 darf Butter, welche in 100 Gewichtsteilen weniger als 80 Gewichtsteile Fett oder im ungesalzenen Zustande mehr als 18 Gewichtsteile, im gesalzenen Zustande mehr als 16 Gewichtsteile Wasser enthält, gewerbsmäßig nicht verkauft oder feilgehalten werden. Daß diese Wassermenge mit dem Fett eine innige (!) Mischung darstellt, gehört zu den wesentlichen Kennzeichen der Butter.

Bei der Butterung ist das Innehalten gewisser Temperaturen von Wichtigkeit. Süßer Rahm soll zu Anfang nicht mehr als 11 bis 12^0 zeigen, gesäuerter Rahm nicht mehr als 16^0. Während des Butterns steigt die Temperatur um einige Grade.

Daß sich bei der beschriebenen Behandlung des Rahms die Butter abscheidet, hat seinen Grund in folgendem. Das Butterfett zeigt in reinem Zustande einen Schmelzpunkt (Kuhbutterfett 31—31,5^0), der beträchtlich höher liegt, als die Tagestemperatur ist. In der Milch befindet sich das Butterfett aber, wie sich mikroskopisch nachweisen läßt, in flüssigem, d.h. geschmolzenem Zustande. Diese Eigenschaft, bei Temperaturen noch geschmolzen zu bleiben, wo sie unter gewöhnlichen Verhältnissen erstarrt sind, zeigen manche Verbindungen. So sehen wir, wie schon früher erwähnt (S. 15), bekanntlich im Winter beim Wasser häufig, daß seine Temperatur unter den Gefrierpunkt sinkt, ohne daß es zu Eis erstarrt. Wird nun eine solche überschmolzene Substanz mehr oder weniger heftig bewegt, so gibt sie ihre Schmelzwärme ab und geht in den festen Zustand über, wie wir auch beim Wasser regelmäßig beobachten. Die abgegebene Schmelzwärme bedingt das oben erwähnte Ansteigen der Temperatur während des Butterns.

Bei der Butterung des Rahms zeigt sich das Eigentümliche, daß der saure Rahm Butter mit Aroma liefert, nicht aber der süße Rahm. Bei dem Säuerungsprozeß geht also etwas Ähnliches vor sich wie bei dem Werden des Weins, wo neben Alkohol auch das sog. Bukett entsteht. In der Molkereipraxis gestaltet sich die Sache jedoch nicht so einfach. Denn wie jeder andere Betrieb, der auf Fermentprozesse angewiesen ist, hat auch die Molkereipraxis mit unliebsamen Momenten zu rechnen, durch welche Butter von nicht gewünschter Qualität erhalten wird. Ein Teil dieser Momente ist darin zu finden, daß in der Milch unbrauchbare Bakterien seßhaft werden, deren Lebenstätigkeit auf die Entwicklung der brauchbaren Milchsäurebakterien und Aromabildner von nachteiligem Einfluß ist. Um von solchen unbrauchbaren

Butter

Bakterien unabhängig zu sein, wurden von Dr. Weigmann in Kiel Reinkulturengemische der Säuerungsbakterien mit den Aromabildnern hergestellt und in den Verkehr gebracht, durch welche der natürliche Prozeß der Rahmsäuerung ersetzt wird.

In Norddeutschland wird gesalzene, in West- und Süddeutschland ungesalzene Butter vorgezogen. Erstere enthält meist bis zu 3% Kochsalz. Ein höherer Kochsalzgehalt als 5% beeinträchtigt die Haltbarkeit und verschlechtert den Geschmack.

Damit die Butter ein besseres Aussehen erhält, wird sie häufig gefärbt. Jedoch ist das Färben nur dann zulässig, wenn die Farbstoffe unschädlich sind und die Butter nicht als Grasbutter verkauft werden soll. Als mittlere Zusammensetzung ungesalzener Butter kann man folgende Werte ansehen:

84,5 % Fett,   0,5 % Milchzucker,
14,0 % Wasser,   0,2 % Salze (Mineralbestandteile).
0,8 % Kasein,

Beim Schmelzen der Butter scheidet sich die eingeschlossene wässerige Milchflüssigkeit am Boden ab und über ihr das Fett als klare Flüssigkeit, die nach dem Erkalten das **Butterschmalz**, die Schmelzbutter, bildet. In dem Butterschmalz soll der Wassergehalt 0,5 % nicht übersteigen und der Fettgehalt 98—99,5 % betragen.

Die Butter ist ein äußerst empfindlicher Artikel. Ungenügendes Auskneten und zu hoher Wassergehalt, unreine Gefäße, Zutritt von Luft und Licht wirken dahin, daß die Butter einer Selbstzersetzung anheimfällt, die sich durch das Auftreten freier Fettsäuren in dem sog. Ranzigwerden äußert. Daneben können noch Mikroorganismen das ihrige tun, was zur Veränderung des Geschmacks, des Geruchs und des Aussehens beiträgt. Diese Veränderungen werden durch den Zusatz von Kochsalz verzögert.

Die Verfälschungen der Butter erstrecken sich neben dem Zusatz von Wasser meist auf die Beimischung von wohlfeileren Fetten.

Da die in dem Butterfett an Glyzerin gebundene Buttersäure eine flüchtige, also destillierbare Säure ist, so bietet die Abscheidung derselben ein wertvolles Mittel zur Erkennung und Prüfung der Butter.

Der Name Butter wird außer für das aus Milch bereitete Produkt auch für die halbweichen Pflanzenfette gebraucht. So spricht man von Muskatbutter, Kokosbutter, Kakaobutter.

Die **Buttermilch**, das ist die beim Buttern abfallende wässerige

Milchflüssigkeit, welche neben Fett (zirka 1 %), Eiweißstoffen (zirka 4 %), Milchzucker (zirka 4 %) und anderen Bestandteilen der Milch freie Milchsäure, welche ihr einen angenehm säuerlichen Geschmack erteilt, und lebende Milchsäurebakterien enthält, wird als erfrischendes Getränk oder in anderer Zubereitung genossen. Wegen der Anwesenheit der lebenden Milchsäurebakterien wird die Buttermilch zu einem wertvollen Diätetikum in der Therapie der Darmkrankheiten und Ernährungsstörungen, da diese Bakterien befähigt sind, den Kampf gegen die schädlichen Darmbakterien stets mit Erfolg aufzunehmen. Der allgemeinern Anwendung der Buttermilch in dieser Art steht nur häufig die Schwierigkeit ihrer Beschaffung in einwandfreiem, frischem Zustande im Wege. Als moderner Ersatz für Buttermilch ist Yoghurt (s. d.) anzusehen.

Die Butter ist immer ein großer Konsumartikel gewesen. Deswegen und wegen des guten Preises hat man sich vor die Aufgabe gestellt, **Ersatzmittel** für die Butter zu fabrizieren. Wenige Jahre vor dem Deutsch-Französischen Kriege erhielt der französische Chemiker Mège-Mouriès von Napoleon III. den Auftrag, ein billiges Speisefett für die Marine und die arme Bevölkerung herzustellen. Das von ihm angegebene Verfahren hat sich im wesentlichen bis heute erhalten. Das Butterersatzmittel führt den Namen **Margarine**.

Bei der Bereitung der Margarine verfährt man so, daß man die unter 26—27° schmelzenden Anteile des Rindertalges allein verwendet. Diese stellen die sog. Oleomargarine dar, die bei Zimmertemperatur aber ziemlich hart ist. Auch diese kann als Speisefett Verwendung finden. Um aus Oleomargarine Margarine zu bereiten, wird ihr Baumwollsamenöl und Sesamöl zur Erlangung der Butterkonsistenz hinzugesetzt sowie noch ein Quantum Kuhmilch und etwas eines unschädlichen Farbstoffs, und das Ganze verbuttert, wodurch sich die Margarine mit einem Wassergehalt von etwa 10 % wie eine Butter ausscheidet. Das ist im wesentlichen der Prozeß der Margarinebereitung. Die Margarine darf in Deutschland höchstens 4 % Butterfett enthalten.

Neben den Butterfett enthaltenden Ersatzmitteln kommen auch solche in den Handel, welche keine Spur Butterfett enthalten, wie das **Palmin**, ein aus dem Mark ausgesuchter Kokosnüsse dargestelltes Pflanzenfett. Dieses ist ein wasserfreies Fett, und darum als solches mit dem Schweinefett und anderen Pflanzenfetten zu vergleichen, die ja auch in den verschiedensten Gegenden zum Backen dienen.

Gegen die Buttererfatzmittel ist in einigen Kreisen der Bevölkerung große Abneigung, da sie sich vorstellen, daß unter diesem Namen und speziell unter dem Namen Margarine alle mögliche Schundware gehe. Unberechtigt war diese Auffassung in früherer Zeit auch nicht. Seit etwa 15 Jahren ist aber von der Vereinigung deutscher Margarinefabrikanten und durch die strenge Kontrolle ihrer Fabriken die Gewähr dafür gegeben, daß die zur Verwendung kommenden Fette von einer Beschaffenheit sind, die irgendein Bedenken nicht mehr aufkommen läßt. Die Fabrikation der Buttererfatzmittel steht heute in Deutschland auf einer solchen Höhe, daß diese Mittel nicht allein dort Eingang gefunden haben, wo es sich wie in Mannschaftsküchen beim Militär, in Krankenhäusern und Volksküchen um den Massenverbrauch handelt, sondern auch in die feinere Küche und Bäckerei. Freilich beste Butter läßt sich auch nicht durch das beste Buttererfatzmittel ersetzen — das sagt schon der Preis, aber jedenfalls ist ein gutes Buttererfatzmittel immerhin weit besser als schlechte Butter, und ob bei der Bereitung der Butter durch den kleinen Bauersmann, der sie auf den Markt bringt, mit derselben Reinlichkeit verfahren wird wie bei der Bereitung der Buttererfatzmittel in den renommierten Fabriken, das steht doch auf einem besonderen Blatt. Da die Margarine mindestens 10 Teile Sesamöl oder etwas Stärke, die augenblicklich unter den Nachwehen des Krieges erlaubt ist, enthalten muß und dieser Zusatz sich sehr leicht nachweisen läßt, so ist die Margarine als solche und in Gemischen mit Butter leicht zu erkennen. Der Verkauf der Margarine unterliegt bestimmten gesetzlichen Vorschriften.

5. Die Kohlenhydrate.

Für unsere Betrachtungen genügt es, wenn wir unter Kohlenhydraten diejenigen natürlich vorkommenden organischen Verbindungen verstehen, welche im Molekül 6 oder ein Mehrfaches von 6 Kohlenstoffatomen haben, und in denen das Verhältnis zwischen Wasserstoff und Sauerstoff dasselbe wie im Wasser ist (S. 29). Wegen dieses Verhältnisses ist den Verbindungen der Name Kohlenhydrate gegeben worden.

Die dem Leser bekanntesten Vertreter der Kohlenhydrate sind die Dextrose (Traubenzucker, Stärkezucker) und die Lävulose (Fruchtzucker), beide von der Formel $C_6H_{12}O_6$, der Rohr- und Milchzucker, beide von der Formel $C_{12}H_{22}O_{11}$, und Stärke, Dextrin, Zellulose, die Gummiarten, Schleim- und Pektinstoffe, denen ein Vielfaches der Formel $C_6H_{10}O_5$ zukommt. Ein Gemisch von Dextrose und Lävulose ist der Invertzucker. Von den Eigenschaften der Kohlenhydrate interessiert uns die Fähigkeit der ein Mehrfaches von 6 Kohlenstoffatomen besitzenden, durch Aufnahme von Wasser in Kohlenhydrate von der Formel $C_6H_{12}O_6$ überzugehen. Der Prozeß vollzieht sich durch chemische Eingriffe und, was uns wieder besonders interessiert, durch Fermente. Endlich haben die Kohlenhydrate von der Formel $C_6H_{12}O_6$ das Gemeinschaftliche, daß sie sich durch Hefe unter Bildung von Alkohol und Kohlensäure vergären lassen. Hierüber werden wir in dem Abschnitte über Fermentprozesse das Notwendige finden. — Die Zellulose hat für uns nur einen technischen Wert. Denn wenn auch im Darm der Pflanzenfresser ein großer Teil der mit der Nahrung aufgenommenen Zellulose ausgenutzt wird, im menschlichen Darm wird nur etwa die Hälfte, und auch nur der zarten Zellulose junger Pflanzenteile (junger Gemüse), gelöst. Ob solcher Zellulose ein Nährwert zukommt, ist fraglich. — Daß die Gummiarten (z. B. arabisches Gummi, Tragantgummi) zu den Kohlenhydraten gehören, macht schon ihre Entstehung durch Umwandlung von Zellmembranen wahrscheinlich. Bestätigt wird es durch das weitere chemische Verhalten. Den Gummiarten sind die Schleimstoffe und Pektinstoffe an die Seite zu stellen. Bei beiden handelt es sich um Membranschichten, welche bei Benetzung mit Wasser zu Schleim oder einer Gallerte aufquellen. Die Schleimmembranen sind in den Pflanzen schon gleich von Anfang an so angelegt, die Pektinstoffe dagegen entstehen durch Metamorphose der sog. Interzellularsubstanz. Von den Schleim liefernden Pflanzenteilen werden am meisten Leinsamen, Altheewurzel (Eibischwurzel), Salepknollen und Karragheen (Irländisches Moos) benutzt. Mit den Pektinstoffen haben wir es im Küchenbetrieb bei den Früchten zu tun, die zu Säften oder **Gelees** verarbeitet werden. Ihre Gegenwart bedingt, daß die frisch bereiteten Pflanzensäfte beim Kochen mit oder manchmal auch ohne Zucker zu Gelee erstarren. Charakteristisch für die Pektinstoffe ist ihre Löslichkeit in Zuckerlösung. Daraus ergibt sich für die Küchenpraxis, daß die Ausbeute an Gelee gesteigert wird, wenn dem rohen Fruchtsaft noch Zucker zugesetzt wird. Denn selten erreicht der natürliche Zuckergehalt der Früchte einen genügend großen Betrag, um alles Pektin zu lösen und in Gelee überzuführen. Die Pektinstoffe bringen es weiter mit sich, daß die Pflanzensäfte schlecht fil-

Gelee. Fruchtsäfte. Stärkezucker. Honig

triert werden können. Um filtrierbare Säfte zu erhalten, verfährt man so, daß man die zerdrückten Früchte, z. B. Himbeeren in einem bedeckten Gefäße bei ungefähr 20° unter wiederholtem Umrühren einige Tage oder besser so lange stehen läßt, bis ein Raumteil einer abfiltrierten Probe sich mit einem halben Raumteil Weingeist ohne Trübung mischt. Während dieser Zeit ist eine alkoholische Gärung eingetreten, die den natürlich vorhandenen Zucker verbrauchte, so daß sich die Pektinstoffe ausscheiden mußten. Werden solche Säfte dann nach dem Filtrieren mit Zucker verkocht, so entweicht der entstandene Alkohol (bei Himbeersaft 2—4%) so gut wie vollständig (bei Himbeersaft bis auf einen Rest von $1/4$—$1 1/2$ %). Die Pektinstoffe sind ziemlich unbeständige Verbindungen, die sich schon bei etwas langem Kochen der Pflanzensäfte zersetzen, so daß diese dann nicht mehr gelieren.

Stärkezucker, Kartoffelzucker. Unter diesem Namen befindet sich im Handel ein Kunstprodukt, welches technisch in Deutschland aus Kartoffelstärke, in Amerika aus Maisstärke durch Erhitzen dieser mit schwefelsäurehaltigem Wasser gewonnen und in Form von Sirup (Stärkesirup) und in fester Form in den Handel gebracht wird. Der Hauptsache nach ist das erhaltene Produkt Dextrose bzw. Dextroselösung. Dieser Stärkezucker dient vielfach als Ersatz des Rohrzuckers zum Einmachen von Früchten, als Zusatz zu Marmeladen und zur Fabrikation von Likören, Bonbons, Konfitüren und honigähnlichen Erzeugnissen.

Unter **Honig** versteht die Nahrungsmittelchemie den süßen Stoff, den die Biene Apis mellifera mit ihrer Zunge von lebenden Pflanzen entnommen und im Bienenstock in den Waben abgelagert hat. Es ist somit nicht nötig, daß nur die Nektarien der Blüten die Honiglieferanten sind, sondern es können auch die süßen Ausschwitzungen der Tannennadeln sein und der Honigtau, der eine Ausspritzung der Blattläuse auf Blättern und Zweigen gewisser Bäume ist. Stets soll es aber eine lebende Pflanze sein, die den Honig der Biene bietet. Durch diese Begriffsbestimmung, der sich auch viele Gerichte angeschlossen haben, soll verhindert werden, daß als Honig das Produkt der wesentlichen Fütterung mit Zucker verkauft wird. Daß die Biene auf ihrem führerlosen Fluge auch hin und wieder fertigen Zucker findet, ist wahrscheinlich. Wesentlich soll aber der Honig von lebenden Pflanzen stammen, und wenn er außerdem noch Blütenhonig genannt wird, wesentlich aus den Nektarien der Blüten. Aus den Waben wird der Honig durch freiwilliges Auslaufenlassen (Jungfernhonig) oder durch Ausschleu-

II. Die Chemie der Ernährung. 5. Die Kohlenhydrate

dern (Schleuderhonig) abgeschieden. Chemisch betrachtet ist der Honig eine konzentrierte Lösung von Dextrose und Lävulose, der etwas Riech- und Farbstoff sowie kleine Mengen Eiweißstoffe, anorganische Salze und andere Körper, z. B. Pollenkörner und Wachs anhaften. Der Gesamtzuckergehalt beträgt etwa 80 %.

Eine größere Abwechslung als die Stärke (S. 43) gestatten in der Anwendung als Nahrungsstoffe die **stärkemehlhaltigen Reservestoffe** selbst: bei uns die Kartoffeln, die Gräserfrüchte und die Hülsenfrüchte. Gräserfrüchte haben wir im Weizen, Roggen, Gerste, Hafer, Mais und Reis. Die beiden erstgenannten haben bei uns die größte Bedeutung, und sie spielen im Getreidehandel auch die Hauptrolle. Denn im gemahlenen Zustande liefern sie für alle Völker das Brotmehl. Als solches sind nur diejenigen Mehle geeignet, welche einen reichlichen Klebergehalt aufweisen, der dem Mehl die eigentliche Backfähigkeit gibt. Die früher (S. 57) genannten Bestandteile des Klebers, das Gluten und Gliadin, geben nämlich dem Kleber und dem aus dem Mehl bereiteten Teige Festigkeit und Elastizität, so daß die locker machenden Gase (insbesondere die Kohlensäure) durch ihren Druck die entstandenen Blasen nicht zum Platzen bringen können. Nach dem Klebergehalt zeigen die Gräserfrüchte folgende absteigende Ordnung: Weizen, Roggen, Gerste, Hirse, Hafer, Mais und Reis. Das Mehl von Gräserfrüchten, welche arm an Kleber sind, ist zum Brotbacken nicht geeignet, dagegen kann es, wie z. B. Maismehl und Buchweizenmehl, zum Pfannkuchenbacken benutzt werden. Das Weizenmehl, ein sehr feines, weißes Mehl, welches für alle feineren Backzwecke benutzt werden kann, liefert uns das Weißbrot, das Roggenmehl das Schwarzbrot und eine Mischung von beiden das Graubrot. Nie fehlende Bestandteile, auch der feinsten Mehle, die sonst nur gemahlene Stärkezellen sind, sind Bruchstücke der beim Mahlprozeß sonst abfallenden Kleie. Die Untersuchung dieser im Verein mit der Untersuchung der Stärkekörner gestattet, die Herkunft eines Mehles festzustellen.

Über die Zusammensetzung einer Anzahl stärkehaltiger Nahrungsmittel finden sich die Werte S. 51. Über die **Kindermehle**, die als ein notwendiges Übel anzusehen sind, da sie ein Ersatz für Muttermilch sein sollen, ist noch einiges zu sagen. Die Kindermehle sollen so beschaffen sein, daß die darin enthaltenen Nährstoffe von dem noch schwach entwickelten Kindermagen leicht verdaut werden können; um diese Bedingung zu erfüllen, muß vor allem die von den verwendeten Mehlen herrührende Stärke, die zu den unlöslichen Kohlenhydraten gehört, in lösliche Kohlenhydrate (Dextrin und Zucker) umgewandelt werden, eine Arbeit, die der Magen eines mehrere Jahre alten, gesunden Kindes selbst vollbringen kann, während bei den wenige Monate alten Kindern die Umsetzung der Stärke in Dextrin und Zucker im Magen noch nicht so leicht von statten geht. Es legen daher die Ärzte wohl mit Recht großen Wert darauf, daß in den Kindermehlen der größte Teil der Stärke die obenerwähnte Umwandlung in lösliche Kohlenhydrate schon durchgemacht hat, wodurch dem nicht disponierten Kindermagen die Verdauung wesentlich erleichtert wird. Es werden sodann noch weitere Anforderungen an brauchbares Kindermehl gestellt. Ein solches darf nicht zu wenig Stickstoffsubstanz, Fett und knochenbildende Substanzen (phosphorsaures Kalzium) enthalten; auch müssen die Mengen der beiden zuerst genannten Stoffe in einem richtigen Verhältnis zueinander stehen.

Zwei eigenartige Vorgänge, die sich innerhalb der lebenden Pflanzenzelle abspielen, und bei denen sich Stärke in Zucker verwandelt, müssen noch erwähnt werden. Zunächst sehen wir diese Umwandlung bei der Reife und der Nachreife unserer Obstarten, die vorher den süßen Geschmack nicht besitzen. Die zweite der Küche ebenfalls bekannte Erscheinung ist das Süßwerden der Kartoffeln in der Kälte. Man sagt, das Gefrieren bedingt den Übergang. Das ist in dieser Form nicht richtig. Zucker wird in der Kartoffel vielmehr dauernd als Produkt der Lebenstätigkeit des Protoplasmas gebildet; aber in dem Maße, wie er sich bildet, wird er durch die intramolekulare Atmung aufgezehrt. Darum ist er unter gewöhnlichen Verhältnissen mit der Zunge nicht zu erkennen. Erst bei niederen Temperaturen, wenn die intramolekulare Atmung nahezu zum Stillstand kommt, überwiegt die Zuckerbildung (bis zu 2,5 %) den Verbrauch, und die Kartoffeln schmecken süß.

6. Die Genußmittel.

Während die Eiweißstoffe, Fette und Kohlenhydrate das notwendige Material zum Aufbau unseres Körpers abgeben, leisten die sog. Genußmittel, denen meist ein Nährwert gar nicht oder nur zu einem kleinen Teile zuzusprechen ist, wesentliche Dienste für die Prozesse der Verdauung und für andere organische Funktionen. Sie bilden mit den aufbauenden Stoffen zusammen die Summe, die wir Nahrung nennen. Zu den Genußmitteln zählt man darum gar vielerlei: den Kaviar, die Pasteten mit Ragout und den Sherry zur Suppe, mit denen größere Mahlzeiten eingeleitet werden, sowie, wenn man es einfacher und doch vornehm gut machen will, eine gute Fleischbrühe vor dem Essen allein, die alle den Gaumen reizen, ohne den Magen zu beladen, dann alle Zutaten zu unseren Speisen, die ihnen den zum Genuß anreizenden Beigeschmack geben und dadurch die Verdauung vorbereiten — das sind außer Salz und Essig die verschiedenen Küchenkräuter (Petersilie, Boretsch usw.) und die Würzen (Fleischextrakt, Suppenwürze) und Gewürze (Muskat, Pfeffer usw.), ferner die Stoffe, die besonders nach ihrer Aufnahme ins Blut anregend wirken, wie die Spirituosen, Kaffee und Tee, und, damit ich für den einen oder anderen meiner Leser vielleicht die Hauptsache nicht vergesse, die Zigarren und der Tabak. An dieser Stelle wollen wir die Genußmittel der letzteren Art betrachten, die Zutaten zu unseren Speisen aber erst, wo von der Zubereitung der Speisen die Rede ist. Pettenkofer hat einmal die Genußmittel mit den Schmiermitteln der Maschinen verglichen, die deren Gang erleichtern und regelmäßiger machen und ihrer Abnützung vorbeugen.

Spirituosen. Unter diesem Namen faßt man im allgemeinen alle alkoholhaltigen berauschenden Getränke zusammen. Dieselben sind entweder die direkten Produkte der Gärung (Wein, Bier) oder Destillationsprodukte aus solchen (Branntweine) oder Mischungen aus Spiritus, Wasser, Zucker und aromatischen Pflanzenstoffen (Liköre). Den Spirituosen stehen somit die alkoholfreien Getränke gegenüber. An die Spirituosen schließen sich endlich die Tinkturen und Essenzen an; erstere sind alkoholische Auszüge aus Pflanzenstoffen zum Zweck arzneilicher Anwendung, die Essenzen alkoholische Auszüge aus Pflanzen, welche hervorragend reich an Riechstoffen sind, z. B. Waldmeister, und in der Regel nur verdünnt genossen werden. Chemisch interessieren uns, da das Geeignete über Wein und Bier später noch gesagt wird, die Vorgänge bei der Branntweinbereitung. Die Rohmaterialien sind aller möglichen Art. Aber immer ist das der Destillation zu unterwerfende Gärungsprodukt mit einer Eigentümlichkeit behaftet, die auf das Destillat übertragen wird und diesem den Geschmack und Wert verleiht. Bei dem Kognak, einem Destillationsprodukt aus Wein, sind es die flüchtigen Bestandteile des letzteren, beim Arrak diejenigen, die sich bei der Vergärung der Rohrzuckermelasse

Spirituosen. Alkoholfreie Getränke. Kaffee. Tee. Kakao

mittels einer besonderen auf Reis zur Gärung vorbereiteten, Raggi genannten Hefe bilden, beim Rum die ebenfalls aus Rohrzuckermelasse aber durch spontane Gärung entstehenden flüchtigen Stoffe, beim Kirschwasser Blausäure usw. Alle diese Destillationsprodukte sind farblos und haben zunächst einen unangenehmen Geschmack, den sie erst durch die bei der Lagerung sich vollziehende Durchdringung ihrer Einzelbestandteile verlieren. Durch die Lagerung in Fässern erhalten die Branntweine aus dem Holz ihren Farbstoff. Rum wird stets besonders gefärbt.

Über den Alkoholgehalt der Spirituosen können uns folgende kurze Angaben genügen: deutsche Weine 6,5—8,5 %, Sherry und Portwein 16 %, Schaumweine 10,5 %, Rum 43 %, Arrak 52 %, Kognak 61 %, Bier 1,5—8 %.

Unter **alkoholfreien Getränken** versteht man im engeren Sinne solche Getränke, welche wohl durch Gärung entstanden sind, denen aber der Alkohol entzogen worden ist. Sie sollen Ersatzmittel für die alkoholhaltigen Getränke, insbesondere Wein und Bier sein. Vielfach werden sie noch mit Kohlensäure imprägniert. Im weiteren Sinne sind als alkoholfreie Getränke überhaupt alle aufzufassen, welche keinen Alkohol enthalten, also die Zubereitungen mit Kaffee, Tee und Kakao, die auch früher im Gegensatz zu Wein und Bier alkoholfreie Getränke immer genannt wurden, ferner die Limonaden und Fruchtsäfte.

Kaffee und **Tee**[1]) enthalten als charakteristische Bestandteile das Koffein $C_8H_{10}N_4O_2$, der Tee außerdem geringe Mengen Theophyllin $C_7H_8N_4O_2$; der charakteristische Bestandteil der Kakaobohnen (des **Kakaos**) ist das Theobromin, welches die gleiche prozentige Zusammensetzung wie das Theophyllin hat. Ein wesentlicher Bestandteil der Kakaobohnen ist noch das Fett, von kleinen Mengen Koffein abgesehen. Kaffee enthält durchschnittlich im ungebrannten Zustande 1,2 % Koffein, im gebrannten Zustande nahezu ebensoviel. Dabei ist zu berücksichtigen, daß der Kaffee beim Rösten etwa 25—33 % an Gewicht verliert und daß sich dabei auch etwas Koffein verflüchtigt. Der Koffeingehalt des Tees beträgt bis zu 5 %, der Theobromingehalt der Kakaobohnen ungefähr 1,5 %. Kaffee und Tee haben keinen Nährwert. Über das Wasser zur Kaffee- und Teebereitung s. S. 77.

Wegen des Gehalts an Stärke und Eiweißstoffen (12 % bzw. 15 % in der nicht entölten Ware) kommt dem Kakao ein Nährwert zu.

Schokolade nennt man eine durch Zusammenkneten von geschmolze-

---
1) Vgl. Tobler, Kolonialbotanik (ANuG Bd. 184).

nem, nicht entöltem Kakao (Kakaomasse) mit Zucker hergestellte Mischung, welche nach Belieben mit Vanille und andern Stoffen aromatisiert ist.

Dem Koffein werden unangenehme Nebenwirkungen auf das Herz zugeschrieben. Darum ist man zu Versuchen übergegangen, **koffeinfreien Kaffee** und koffeinfreien Tee in den Konsum zu bringen. Für Tee ist diese Spekulation ebenso verfehlt wie für Tabak die Entfernung des Nikotins. Denn mit der Entfernung dieser vermeintlich schädlichen Stoffe geht auch die Entfernung der aromatischen einher. Anders ist dieses beim Kaffee, der im ungebrannten Zustande aromafrei ist. Es ist möglich, aus dem ungerösteten Kaffee das Koffein zu extrahieren, ohne daß die das Aroma liefernden Stoffe mitbeseitigt werden. Das Verfahren beruht auf folgender Grundlage. In den rohen Kaffeebohnen ist das Koffein in gebundener Form als chlorogensaures Koffein-Kalium, aus dem aber mit den üblichen Extraktionsmitteln (Benzol, Chloroform usw.) kein Koffein ausgezogen werden kann. Dagegen läßt sich die genannte Verbindung durch Wasser leicht lockern, so daß das Koffein aus ihr frei wird und sich ausziehen läßt. Nach der Extraktion des Koffeins wird der Kaffee gebrannt. Ganz koffeinfrei wird indes solcher Kaffee doch nicht dargestellt.

Die Besprechung des koffeinfreien Kaffee führt zur Besprechung der **Kaffeesurrogate**, denen die gleiche wirtschaftliche Bedeutung zukommt, wie der Margarine als Butterersatzmittel. Dieses tritt überraschend in den Verbrauchszahlen hervor. So wurden nach der Reichsstatistik schon im Jahre 1913 im Deutschen Reiche 200 Millionen Kilo Kaffeesurrogate verbraucht, gegenüber 164 Millionen Kilo Kaffee. Für die Fabrikation der Surrogate dienen zucker- und stärkehaltige Rohstoffe: Wurzeln, z. B. Cichorie, Früchte, z. B. Feigen, Samen, z.B. Eicheln, Roggen, gemälzte Gerste (Malz). Beim Rösten dieser geht der Zucker unter gleichzeitiger Bildung eines bitter schmeckenden Stoffes, des sog. Röstbitter, in Karamel (S. 43) über, wobei sich die Stärke unter Dextrinbildung verändert. Während nun durch tiefgehende Zersetzungen weiterer Substanzen beim Kaffeebrennen diejenigen Stoffe auftreten, die dem gebrannten Kaffee die nur ihm zukommenden durch den Geruch und Geschmack wahrnehmbaren Eigenschaften verleihen, treten bei der Darstellung der Kaffeesurrogate Produkte auf, die hauptsächlich durch ihr Färbevermögen und nur annähernd durch Geruch und Geschmack den anderen mehr oder weniger ähnlich sind. Es gibt heute Kaffeesurrogate, die sich eines solchen Ansehens erfreuen, daß man sich nicht zu genieren braucht, zu sagen, daß man sie anstatt Kaffee benützt.

Aus der Chemie des **Tabaks** genügt das Folgende. Wie bei der Gewinnung des Tees und der Kakaobohnen zu einem Fermentationsprozesse gegriffen wird, der einen bestimmenden Einfluß auf die

Qualität des Produktes hat, so ist es auch bei der Gewinnung des Tabaks, der Blätter der Solanazee Nicotiana Tabacum. Der charakteristische Bestandteil dieser, der aber mit dem Aroma nichts zu tun hat, ist das Nikotin $C_{10}H_{14}N_2$, eine sehr giftige, in reinem Zustande farblose Flüssigkeit, von schwach, nach anderen Angaben gar nicht tabakähnlichem Geruch. Beim Rauchen wird ein kleiner Teil des Nikotins zerstört, eine dreimal so große Menge geht in den Tabakrauch, und ein anderer Teil häuft sich in dem unverbrannten Tabakrest an. So wurde gefunden, daß die Nikotinmenge der Zigarrenstummel das 3—4fache der ursprünglichen Menge betrug. Bei einem durchschnittlichen Nikotingehalt von 0,75% würde der Nikotingehalt der Zigarrenstummel somit über 2% betragen. Der Rauch des Tabaks ist also um so nikotinreicher, je weiter das Verrauchen vorgeschritten ist. An gesundheitschädlichen Stoffen enthält der Tabakrauch außer dem Nikotin noch Zersetzungsprodukte desselben, z. B. das als Denaturierungsmittel für Spiritus bekannte Pyridin und dessen chemische Verwandten (die sog. Pyridinbasen) sowie ein ätherisches Brenzöl. Von keinem oder nicht so erheblichem Einfluß auf den Organismus sind die anderen Rauchprodukte: Kohlenoxyd, Kohlensäure, Buttersäure, Schwefelwasserstoff, organische Schwefelverbindungen und geringe Mengen Blausäure. Die Tabakasche enthält durchschnittlich 2% kohlensaures Kalium. Daß die giftigen Eigenschaften des Tabakrauches nicht so oft zum Vorschein kommen, wird durch die stetige Verteilung des Rauches in der umgebenden Luft bedingt.[1])

7. Vitamine.

Seit langem sagt man manchen unserer Nahrungsmittel nach, daß ihr Genuß besonders „gesund" sei, so dem frischen Gemüse, dem frischen Obst, der Milch, der Butter, den Eiern, und dem Lebertran schreibt man ebenso lange eine außerordentliche Heil- und Schutzkraft gegen Rachitis zu. Welcher Art aber die wirksamen Faktoren in jenen und anderen gerühmten Nahrungsmitteln waren, ließ sich mit der Chemie nicht erfassen. Darum blieb es bis vor wenigen Jahren dabei, daß die einen die gerühmten Eigenschaften eine Illusion, die anderen aber eine wirkliche Tatsache nannten. Heute steht die Wissenschaft auf dem Boden, daß in unsern Nahrungsmitteln außer den Trägern des Nährwertes (Fett, Eiweiß, Kohlenhydrat) noch unbekannte lebenswichtige Faktoren enthalten sind, deren Abwesenheit schwere Ausfallerkrankungen hervorrufen. Diese lebenswichtigen Faktoren nennt man Vitamine, die Ausfallerkrankungen Avitaminosen. Im freien Zustande sind

---

[1]) Vgl. Wolf, Der Tabak (ANuG Bd. 416).

die Vitamine noch nicht dargestellt; was man Vitamine nennt, sind nur vitaminreiche Produkte. Nach ihrer Wirksamkeit unterscheidet man drei Arten: das Vitamin A oder fettlösliches oder antirachitisches Vitamin, das Vitamin B oder wasserlösliches oder antineuritisches oder Antiberiberi Vitamin und das Vitamin C oder antiskorbutisches Vitamin. Wahrscheinlich gibt es auch noch andere Vitamine. Die genannten drei Vitamine finden sich gemeinschaftlich in manchen unserer Nahrungsmittel, so in den grünen Gemüsen (Spinat, Kohlarten und Salaten), ebenso in den Wurzelgemüsen (Karotten), in den verschiedenen Früchten, unter denen die Tomate an erster Stelle steht, dann im Fleisch, den Eiern und der Milch, und in geringen Mengen in den Kartoffeln; bei der Milch ist der Vitamingehalt ganz vom Futter abhängig. In anderen Nahrungsmitteln treten mitunter nur einzelne Vitamine auf. So sind die Körnerfrüchte (Roggen, Weizen, Hafer, Gerste) frei von Vitamin C und enthalten die Vitamine A und B hauptsächlich in den oberflächlichen Teilen, die beim Mahlprozeß (zum Zwecke der Mehlbereitung) abgestoßen werden. Darum ist Backwerk, welches aus feinstem Weizenmehl bereitet ist, frei von Vitaminen. Der Roggen macht insofern eine Ausnahme, als hier das Vitamin B über das ganze Korn verteilt ist, infolgedessen Roggenbrot verhältnismäßig reich an Vitamin B ist. Die Hülsenfrüchte zeichnen sich durch einen hohen Gehalt an Vitamin B aus. Das Vitamin A findet sich ferner in vielen tierischen Fetten, z. B. dem Lebertran und dem Milchfett und in vielen pflanzlichen Fetten. Diese wenigen Beispiele könnten noch um manches Interessante vermehrt werden. Das Vitamin A ist unentbehrlich für die normale Ernährung der Hornhaut des Auges und für den Aufbau und die Erhaltung des Knochensystems. Mangel an Vitamin B führt zu allgemeinen Stoffwechselstörungen, durch den Mangel an Vitamin C wird die Widerstandsfähigkeit des Körpers gegen Infektionen herabgesetzt. Daraus folgt, daß den Vitaminen eine außerordentliche Bedeutung für die Ernährungsfrage zukommt. Uns interessiert jetzt, wie sich die Vitamine bei der Zubereitung unserer Speisen verhalten. Man kann hier keine Regel aufstellen, aber im allgemeinen kann man sagen, daß die Vitamine um so weniger leiden, je weniger intensiv unsere Nahrungsmittel bei der küchentechnischen Zubereitung der Speisen behandelt werden. Da spielen die Höhe der Temperatur, die Dauer des Erhitzens, dann aber auch die Natur des zuzubereitenden Materials eine Rolle. Kochen in der Kochkiste ist schädlicher als das kürzere auf freiem Feuer, ebenso Sterilisieren unter Druck schädlicher als ohne Druck. Weiter kann man annehmen, daß in getrockneten Nahrungsmitteln der Vitamingehalt zurückgegangen ist, ebenso in lange gelagerten. Aber auch dafür gibt es keine Regel; es kommt stets darauf an, welche Prozeduren im einzelnen vorgenommen worden sind. Beim Kochen geht ein Teil der Vitamine in das Kochwasser über. Über derartige Verluste wie über die Schwankungen in der Vitaminzufuhr muß uns in der Besorgnis um unsere Gesundheit praktisch die Überzeugung hinwegsetzen, daß sich im alltäglichen Leben alles von selbst regelt, so daß, was in dem einen Falle an Vitaminen zerstört oder weniger geboten wird, in dem anderen Falle durch reichlichere Zufuhr ausgeglichen wird.

III. Die Chemie in der Küche.
1. Der Kesselstein.

Die Härte des Wassers (S. 15) bringt für den häuslichen Betrieb einige Belästigungen. Zunächst sehen wir immer, daß sich das Wasser beim Kochen trübt, und daß sich in Kesseln, welche fortdauernd zum Wasserkochen benutzt werden, eine steinharte Kruste bildet. Man nennt diese Ausscheidung Kesselstein. Er besteht hauptsächlich aus kohlensaurem Kalzium neben kohlensaurem Magnesium, die durch die lösende Wirkung der im Wasser nie fehlenden Kohlensäure in Lösung gehalten waren und sich ausscheiden müssen, weil beim Kochen des Wassers die Kohlensäure entweicht. Ist mit dem Kochen des Wassers noch ein längeres Abdampfen verbunden gewesen, so scheidet sich noch schwefelsaures Kalzium (Gips) mit ab. Ausscheidungen von ähnlicher Zusammensetzung bilden sich in Wasserflaschen. Sie kommen daher, daß das Wasser schon beim Stehen an der Luft Kohlensäure verliert; mit verdünnten Säuren (z. B. verdünnter Salzsäure) lassen sich diese Ausscheidungen beseitigen. Über eine andere unangenehme Eigenschaft des harten Wassers wird in dem Abschnitt Waschen und Bleichen und über die Zweckmäßigkeit der Verwendung des weichen Wassers bei der Zubereitung der Speisen in dem Abschnitt hierüber gesprochen werden. Um für den häuslichen Gebrauch das Wasser zu enthärten, gibt es keine andere Methode, als das Wasser abzukochen oder, wie man es bei der Wäsche macht, dem kochenden Wasser wenig Soda zuzufügen. Weiches Wasser ist destilliertes Wasser oder Regenwasser.

2. Die Zubereitung der Speisen.

Die meisten Nahrungsmittel sind in dem Zustande, in dem sie die Natur uns bietet, für uns ungenießbar. Sie haben ein zu festes Gefüge und setzen darum unseren Zähnen einen zu großen Widerstand entgegen. Auch unsere Verdauungssäfte werden nicht mit ihnen fertig. Für rohes Fleisch haben nur sehr wenige Personen Vorliebe und auch nur dann, wenn es in sehr fein zerkleinertem Zustande als Hackfleisch oder Schabefleisch, die leicht verdaulich sind, vorliegt; aber das Fleisch von allen Tiersorten läßt sich so doch nicht genießen. Von vegetabilischen Nahrungsmitteln genießen wir roh den Salat, Rettich und Radieschen und die verschiedenen Obstsorten, die ersteren aber nur, solange sie sich noch in einem frühen Entwicklungsstadium befinden, nicht aber, wenn in den Zellen die Verholzung schon eingetreten ist, und das Obst erst, wenn durch den Reifungsprozeß sich die Stärke in Zucker verwandelt hat. Für die Zellulose und die nicht veränderte Stärke hat der Magen keine Verwendung.

Um den Zähnen und besonders dem Magen die Tätigkeit zu erleichtern, wird das Gefüge der rohen Nahrungsmittel gelockert und alles von ihnen entfernt, was als Nahrungsmittel keine oder nur eine ganz untergeordnete Bedeutung hat. Das sind hauptsächlich die äußeren Schichten der vegetabilischen Nahrungsmittel, die in der Pflanze dazu bestimmt sind, die zarteren Gewebe vor äußeren Einflüssen zu schützen, und dann alle verholzten Teile. Wohl jeder meiner Leser hat schon in der Küche gesehen, wie die Kartoffeln geschält werden, wovon übrigens in dem Abschnitt über Speisenvergiftungen noch einmal die Rede sein wird, und wie der Salat und das Gemüse ausgelesen und Schwarzwurz und Spargel behandelt wird. Bei den animalischen Nahrungsmitteln schließen wir als überflüssig die sehnigen Partien aus. Für die Zubereitung der Speisen dienen allen Menschen drei Formeln: Kochen, Braten und Backen mit geeigneten Zutaten, die den Speisen einen besonderen Reiz geben, und in deren Kombination die ungeheuere Vielseitigkeit der Küche beruht.

Wie das Gewebe nach dem Kochen und Braten beschaffen ist, ist zu bekannt, als daß es noch der Worte bedürfte. Nur über das, was mit dem Inhalt der Gewebe vor sich geht, ist etwas Weiteres zu sagen. Das Protoplasma, d. h. die Grundsubstanz der Pflanzen- und Tierzelle ist im lebenden Zustande von einer Haut umgeben, welche gegenüber umspülenden Flüssigkeiten halbdurchlässig ist, indem sie wohl dem Wasser den Ein- und Austritt gestattet, nicht aber dem anderen Zellinhalt. Den lebenden Zellen sind gleichzuachten die Zellen noch nicht lange abgeschnittener Organteile. Das sieht man bezüglich der Pflanzen schon, wenn man abgeschnittene Blumen ins Wasser stellt: der Transpirationsstrom bleibt in ihnen erhalten, und darum welken sie nicht. Ferner sehen wir es bei der Veredlung unserer Rosen- und Obstbäume, wo sich ein abgeschnittnes Edelreis oder Edelauge mit dem Wildling zu einer physiologischen Einheit verbindet, und bei der Wurzelneubildung an Stecklingen, z. B. des Oleanders und des Weinstocks, wo die Bildung gerade desjenigen Organs, das der Pflanze die Nährstoffe zuführt, gewissermaßen Bedürfnis wird. Die Hausfrau wird also nicht zu fürchten haben, daß durch Abwaschen von Gemüseteilen aus unverletzten Zellen Nährstoffe ausgezogen werden. Legt man z. B. Scheiben einer süßschmeckenden oder gefärbten Wurzel in Wasser, so wird nur Zucker oder Farbstoff aus den mit dem Messer zerschnittenen Zellen in das Wasser übertreten. Anders ist es aber, wenn durch Erwärmen (auf eine Temperatur von etwa 50°) oder durch Erfrieren oder andere Umstände (Salzen) die Zelle getötet ist oder gelitten hat. Alsdann wird die trennende Haut für alle Stoffe durchlässig, und die löslichen Anteile des Zellinhalts können nach außen wandern.

Von der höher entwickelten animalischen Zelle weiß man, daß sie so lange als lebende Zelle anzusehen ist, als der Muskel auf den elektrischen Strom reagiert. Daß von einem Körper getrennte Zellen noch lebend sein können, ist aber auch durch die Möglichkeit der Transplantation von Hautstücken allbekannt. Die Zelle des in der Küche zur Verwendung kommenden Fleisches wird nun zwar als physiologisch tot zu betrachten sein; indes dürfte die Elastizität der Zellmembran noch bestehen, so daß man ihr physikalisch-chemisches Verhalten als dem der Pflanzenzelle ähnlich wird annehmen können.

Beim **Kochen** des Fleisches beobachten wir folgendes.

Taucht man Fleisch in Wasser, so wird das letztere, da es einen niedrigeren osmotischen Druck als der Zellinhalt des Fleisches hat, von diesem in größerer Menge angesogen; gleichzeitig tritt aber auch Fleischsaft in das Wasser. Erwärmt man dann das Wasser, so werden bei einer Temperatur von ungefähr 50° die Protoplasmamembranen ganz durchlässig, und an Stelle des osmotischen Überdrucks tritt die allgemeine Diffusion. Indem das Fleisch anfängt zusammenzuschrumpfen, werden die löslichen Teile in größerer Menge an das Wasser abgegeben. So entsteht auf Kosten des Wohlgeschmacks des Fleisches eine schmackhafte Fleischbrühe, in der das ausgetretene Eiweiß zu Schaumflocken geronnen ist. Meine Leserinnen wissen, daß man für gewöhnlich aus guten Gründen die Fleischbrühsuppe in der angegebenen Art nicht bereitet. Für gewöhnlich wird auch auf schmackhaftes Fleisch reflektiert, in dem der Zellinhalt möglichst erhalten geblieben ist. Das wird dadurch erreicht, daß man das Fleisch direkt in siedendes Wasser hineinbringt. Sofort gerinnt auf der Oberfläche des Fleisches das Eiweiß, das die Poren verstopft und so eine schützende Hülle gegen das Auslaugen der löslichen Bestandteile bildet. — Beim Kochen des Fleisches beobachten wir noch einen weiteren Vorgang, daß sich das Bindegewebe in Leim verwandelt. Fleischbrühen, welche beim Erkalten gelatinieren, enthalten in reichlicher Menge diesen Leim.

Was hier über den Austritt von Stoffen beim Kochen des Fleisches gesagt worden ist, gilt auch vom Austritt solcher beim Kochen jeder anderen Speise. Möhren, welche z. B. reich an Zucker sind, der ins Kochwasser übergeht, verlangen darum eine andere Wasserbehandlung als Kartoffeln, die mit reichlichen Mengen Wasser gekocht werden können, weil sie nichts Wesentliches an dasselbe abgeben.

Eine besondere Art des Kochens ist das **Dünsten** (Dämpfen, Schmoren). Es kommt das auf dasjenige hinaus, was die Chemiker Aufschließen bei einer höheren Temperatur nennen. Erhitzt man eine Flüssigkeit in einem verschlossenen Gefäße, so wird der Siedepunkt, weil ein höherer Druck zu überwinden ist, erhöht. Da nun jede chemische Reaktion bei erhöhter Temperatur eine größere Geschwindigkeit zeigt, so ist es klar, daß beim Dämpfen in geeigneten Gefäßen die Auflockerung des Gewebes rascher vor sich geht als beim gewöhnlichen Kochen. Der weitere Vorteil ist, daß nicht große Flüssigkeitsmengen nötig sind, sondern nur etwas mehr als zur Dampferzeugung erforderlich ist. Dabei wird der Austritt löslicher Bestandteile auf das Geringstmaß beschränkt. Die primitivste Einrichtung, die beim Dünsten gebraucht wird, ist das Verkleben des Deckels mit dem Topf oder das Beschweren des Deckels mit schweren Gegenständen.

Wie beim Dämpfen des Fleisches, so wird auch beim **Braten** der größte Teil des Fleischsaftes im Fleisch gelassen. Als schützende Hülle entsteht eine braune Kruste, bei deren Bildung das Eiweiß beteiligt ist. Beim Braten vollziehen sich aber noch weitere Prozesse, die keineswegs klargestellt sind. So wird Fett in Fettsäuren und Glyzerin zerlegt, und die Stoffe treten auf, die dem Braten den angenehmen Geruch erteilen. Etwas anderes als das Braten des Fleisches ist das Braten stärkemehlhaltiger Nahrungsmittel, also der Kartoffeln und der Nudeln. Durch die küchenkünstlerische Behandlung wird auch hier die Speise mit einer dunklen Kruste überzogen, deren Bildung mit der Umwandlung der Stärke in Dextrin verbunden ist, die ohne weitere Eingriffe bei erhöhter Temperatur erfolgt. Eine solche dunkle Dextrinkruste ist auch die bekannte Außenschicht des Brots und aller Backwaren. Backen und Braten bedeutet im Grunde ja dasselbe. Es ist nur Gewohnheit, wenn wir eine Zubereitung einmal Backen und das

Dünsten. Braten. Hülsenfrüchte. Backen.

andere Mal Braten nennen und z. B. von gebackenen Fischen, gebackener Leber und Bratkartoffeln sprechen.

Eine besondere Eiweißform enthalten die Hülsenfrüchte, das sog. Legumin. Es läßt sich zur Zubereitung der Hülsenfrüchte nur ganz weiches Wasser verwenden, wie wir es im destillierten Wasser, im Regenwasser und im abgekochten Wasser besitzen. Sonst setzen sich die Kalkverbindungen des Wassers mit der Alkaliverbindung des Legumins, wie sie in den Hülsenfrüchten vorkommt, unter Bildung des schwerlöslichen Leguminkalks um. Überhaupt ist beim Kochen das weiche Wasser dem harten Wasser vorzuziehen; so erfordert das letztere zum Weichkochen der Gemüse mehr Zeit. Die Erklärung hierfür liegt offenbar darin, daß die in und auf dem pflanzlichen Gewebe aus dem Wasser sich ausscheidenden Kalzium- und Magnesiumsalze schlechte Wärmeleiter sind. Für die Zubereitung von Kaffee- und Teeaufgüssen wird weiches Wasser empfohlen, weil hartes Wasser zur Bildung von Verbindungen des Kalziums und Magnesiums mit den Gerbsäuren des Kaffees und Tees Veranlassung gibt.

Es ist schon gesagt worden, daß für die nicht veränderte Stärke der Magen keine Verwendung habe. Die erste und der Verzuckerung vorhergehende Veränderung nun, die mit der Stärke gewöhnlich vorgenommen wird, ist die Verkleisterung. Dieselbe findet stets statt, wenn in irgendeiner Art Stärke mit Wasser erhitzt wird, also auch beim Erhitzen stärkemehlhaltiger Pflanzenstoffe, wie z. B. beim Kochen, Backen und Rösten. Infolge der Ausdehnung, die die Stärkekörner dabei erleiden, sprengen sie die sie umgebenden Zellwandungen auseinander. Beim Backen und Rösten ist die Verkleisterung trotz der angewandten hohen Temperatur keine vollständige, so daß sich z. B. im Brot noch immer Stärkekörner finden, welche sich mit Sicherheit erkennen lassen. Im teilweise verkleisterten Zustande ist die Stärke im Sago enthalten. Derselbe wird, wie schon erwähnt, heute meist aus Maniokstärke bereitet. Aber auch die Kartoffelstärke und andere Stärkesorten werden benutzt. Die Fabrikation des Sagos geht darauf hinaus, daß die noch feuchte Stärke durch Sieben geformt und unter beständigem Umrühren in heißen Schalen in Flocken- und Perlsago verwandelt wird.

Mit dem Backen des Brotes ist gleichzeitig eine Lockerung verbunden, durch welche ebenfalls die Verdaulichkeit erhöht wird. Welche Rolle dabei die Hefe spielt, ist an anderer Stelle ersichtlich (S. 84).

Aber es spielt sich im Brot in den Stärkekörnern noch eine weitere Veränderung ab, die das Brot altbacken macht und noch nicht genügend erklärt scheint. Altbackenes Brot zeigt die ebenfalls noch nicht genügend erklärte Eigentümlichkeit, daß es bei einer Temperatur von 70° wieder frischschmeckend wird, nachdem es bei der Tagestemperatur eine bei vielen gar nicht beliebte Trockenheit bekommen hatte.

Doch mit dem Verdaulichmachen der Speisen kommen wir allein nicht aus, selbst nicht der Mensch auf der niedrigsten Kulturstufe, der gewohnt ist, alles mögliche zu essen, was wir nicht kennen, sogar Erde, wenn es not tut. Gewisse psychologische Momente reden noch mit; es muß eine Stimmung vorhanden sein, die unsere Speisen genießbar macht. Schon die Abwechslung wirkt; bei ewigem Einerlei widersteht uns selbst die bestzubereitete Speise auf die Dauer. Dann wollen noch Augen und Nase nicht minder als die Zunge befriedigt sein. Darum gehört es zur Kochkunst mit, den Speisen angenehme Formen zu geben und sie nicht nur wohlschmeckend, sondern auch wohlriechend zu bereiten. Alles dieses macht an der Speise das, was wir appetitlich nennen. Auch Kummer und Sorgen, Freude und Ärger sind von Einfluß auf unsere Verdauungstätigkeit. Das ist keine Meinung, sondern experimentell bestätigt. Wohlschmeckend und wohlriechend, so daß wir ganz befriedigt sind, werden unsere Speisen ohne weitere Zutaten bei der Zubereitung nie. Sie müssen mit etwas gekräftigt werden, selbst wenn es noch so wenig wie Kochsalz ist. Diese Zutaten, die wir den Speisen zum Zwecke ihrer Zubereitung einverleiben, sind die Genußmittel im engeren Sinn. Hierüber noch einige Worte.

Was von der Fleischbrühe gesagt ist, gilt noch von dem **Fleischextrakt**. Es ist kein Nährmittel, sondern ein Genußmittel. Allerdings sind gewisse Mengen Nährstoffe in Form von Umwandlungsprodukten der Fleischeiweißstoffe in ihm vorhanden; aber diese sind für die Ernährung ganz bedeutungslos. Die wesentlichen Bestandteile des Liebigschen Fleischextrakts sind neben den Umwandlungsprodukten der Fleischeiweißstoffe die sog. Fleischbasen (S. 57) Kreatin, Kreatinin, Sarkin, Xanthin, Hypoxanthin, ferner stickstoffreie Extraktivstoffe, unter diesen Milchsäure und anorganische Salze der Phosphorsäure, Schwefelsäure und Salzsäure mit den Elementen Kalium, Natrium, Kalzium, Magnesium und Eisen. Im ganzen sind im Liebigschen Fleischextrakt etwa 20% Wasser, 60% organische Stoffe und 20% Salze enthalten. Welchen Bestandteilen des Fleischextraktes die die

Veränderung der Stärke. Psychologische Momente. Fleischextrakt

Verdauung anregenden Eigenschaften zukommen, ist nicht festgestellt. Es ist möglich, daß die dem Koffein, welches in dem Kaffee und Tee vorkommt und anregend auf die Nerventätigkeit wirkt, chemisch verwandten Bestandteile Xanthin, Hypoxanthin und Guanin in geringem Grade daran beteiligt sind, aber vielleicht sind es mehr doch die Eindrücke auf den Geschmacks- und Geruchssinn.

Die Bereitung der Fleischextrakte geschieht ausschließlich im großen und ist an die viehreichen Gegenden hauptsächlich Südamerikas gebunden. Das Verfahren geht darauf hinaus, frisches, möglichst von Fett, Sehnen und Knochen befreites und zerkleinertes Fleisch mit Wasser auszuziehen und die erhaltene Fleischbrühe nach der Beseitigung des durch Gerinnung ausgeschiedenen Eiweißes im Vakuum — luftverdünnten Raum — bis zur Konsistenz eines dicken Extraktes einzudampfen. Zur Bereitung von 1 kg Fleischextrakt sind etwa 30 kg Rindfleisch nötig.

Eigenartige Konkurrenzprodukte der Fleischextrakte kommen seit vielen Jahren in den Handel. Man hatte gefunden, daß der zu einem Extrakte eingedampfte Zellinhalt der Hefe den angenehmen Geruch nach Liebigs Fleischextrakt besitzt. Dabei zeigte die chemische Untersuchung, daß dieses Extrakt auch Stoffe enthält, welche im Fleischextrakt vorkommen: Xanthinbasen, wie sie in entwicklungsfähigen Zellen stets gefunden werden. Das neueste Erzeugnis dieser Art ist die Marke Cenovis. Daß die Hefenextrakte vollständig dem Fleischextrakt entsprechen, wird bestritten, aber es wird von den Chemikern zugegeben, daß diese Extrakte als Genußmittel das Liebigsche Fleischextrakt ersetzen können. Die Darstellungsmethoden laufen darauf hinaus, die Zellwände der Hefe auf irgendeine Weise zum Platzen zu bringen, so daß der Zellinhalt ausfließt. Dieser wird dann unter Zusatz von Kochsalz zur nötigen Dicke eingedampft.

Unter Gewürzen wollen wir an dieser Stelle die eingetrockneten und frischen Pflanzenteile verstehen, welche wir wegen ihres scharfen Geschmacks den Speisen zusetzen oder auch als solche verzehren. Fast alle enthalten als charakteristische Bestandteile flüchtige Verbindungen von eigentümlichem Geruch und Geschmack oder auch Verbindungen, welche bei der Verwendung der Pflanzenteile flüchtige Verbindungen abspalten. Es sind Blüten, Blätter, Früchte, Samen, Zwiebeln, Wurzeln und Rinden, deren Stammpflanzen zum Teil in den tropischen und subtropischen Gebieten zu Hause sind.

Sehr populär gewordene Küchenhilfsmittel sind Suppen- und Speisenwürzen, besonders Maggis Würze und Knorr-Sos. Vom chemischen Standpunkte interessiert uns an diesen Würzen zunächst, daß sie Lösungen darstellen und dadurch gewissermaßen in idealer Form den Speisen zugesetzt werden. Sie kommen mit ihnen also nicht wie die anderen Gewürze Nelken, Pfeffer, Muskat usw. nur einseitig in Berührung und zur Geltung, sondern gestatten wie Fleischextrakt eine gleichmäßige Durchmischung. Mit dem letzteren haben diese Würzen sonst aber nichts gemein. Sie sind würzige Pflanzenauszüge, die künstlich erzeugte, die Magendrüsen kräftig anregende Abbauprodukte von Proteinen und etwa 17 % Kochsalz enthalten. Liebreich hat der Maggi-Würze, die das Prototyp aller Würzen ist, eine besondere ärztliche Empfehlung gegeben. Im Verkehr gibt es außer Maggi und Knorr noch mehr Suppenwürzen. Die Zusammensetzung einzelner weist auf die Benutzung von Hefe bei der Darstellung hin.

3. Die Fermentprozesse.

In früheren Abschnitten (S. 28 u. 47) ist auf die große Bedeutung der Fermente für die pflanzlichen und tierischen Lebensvorgänge hingewiesen worden. Die Fermentprozesse verlaufen am besten bei besonderen Temperaturen; dieselben liegen meist bei 30—40°, bei der Diastase bei 55—65°. Die Fermente verlieren in der Regel ihre Wirksamkeit, wenn sie in ihren Lösungen auf 100° erhitzt werden.

Von den Fermenten animalischer Herkunft interessiert uns für unsere Betrachtungen allein das **Pepsin**, da dasselbe bei Verdauungsstörungen, welche auf mangelhafte Pepsinbildung zurückgeführt werden, dem Magen in Substanz gereicht wird. Das Pepsin ist ein so wichtiges Arzneimittel, daß es in den Arzneischatz aller kultivierten Völker aufgenommen ist. Seine Wirkung ist an die Gegenwart freier Salzsäure gebunden; jedoch darf ein gewisses Maß der letzteren nicht überschritten werden. Die arzneilich angewendeten Pepsinpräparate sind aus Schweins-, Schafs- und Kalbsmägen dargestellt. Die Tätigkeit des Pepsins und der mit ihr zusammenwirkenden Salzsäure besteht darin, daß ein Teil der dem Magen zugeführten Eiweißstoffe zu Albumosen, die für die Ernährung brauchbar sind, abgebaut wird. Daß durch die Gegenwart des Pepsins sich der Magen selbst verdaut, wird durch die gleichzeitige Anwesenheit eines dem entgegenwirkenden Fermentes, des Antipepsins, verhindert. Die Pepsine des Han-

Hefenextrakte. Gewürze. Suppenwürzen. Pepsin

dels sind keine chemisch reinen Fermente. Das arzneilich angewendete Pepsin soll 100 Teile Eiweiß verdauen können.

Von pflanzlichen Fermenten interessieren uns mehrere. Zerstößt man **bittere Mandeln** und setzt dann etwas Wasser hinzu, so macht sich ein an Blausäure erinnernder Geruch bemerkbar. Es hat sich dabei eine neue Substanz gebildet, die ursprünglich in den bitteren Mandeln nicht vorhanden war, und die den erwähnten Geruch bewirkt. Diese neue Substanz, eine Verbindung von Benzaldehyd mit Blausäure, gibt sich auf unserer Zunge, wenn wir eine bittere Mandel zerbeißen, durch ihren bitteren Geschmack zu erkennen. Die Entstehung des neuen Körpers beruht darauf, daß ein Verwandter der Zuckerarten, ein sog. Glukosid, das **Amygdalin**, durch die gleichzeitige Gegenwart des Ferments **Emulsin** und bei Gegenwart von Wasser in jenen neuen Körper und in Zucker gespalten wird. Der neue Körper wirkt in größeren Mengen eingenommen giftig; er ist der wirksame Bestandteil des **Bittermandelwassers** der Apotheken. Denselben Vorgang wie bei den bitteren Mandeln beobachten wir bei den Kernen vieler anderer Amygdaleen, z. B. der Pfirsiche, Aprikosen und Pflaumen, infolgedessen alle diese im Volke für giftig gelten. — Wenn **Meerrettich** verrieben wird, so entwickelt sich ein starker, die Augen zu Tränen reizender Geruch. Fertig gebildet ist jene stark riechende Substanz im Meerrettich ebensowenig wie die giftige Substanz in den bitteren Mandeln; vielmehr findet sich auch hier ein Glukosid, das **Sinigrin** oder myronsaure Kalium, welches unter der Wirkung des gleichzeitig anwesenden Ferments **Myrosin** bei Gegenwart von Wasser die Spaltung in Senföl, welches die riechende Substanz ist, saures schwefelsaures Kalium und Zucker erleidet. Genau in derselben Weise wird aus den Samen des **schwarzen Senfs**, der zur Bereitung von Senfpflaster benutzt wird, und des **Sareptasenfs**, der gemahlen und entölt ein gelbes Pulver liefert, aus dem der Senfteig zu Speisezwecken bereitet wird, Senföl entwickelt. Ein anderes Senföl — Senföl ist in der Chemie ein Gattungsname — gibt dem **schwarzen Rettich** (Raphanus sativus), der ein beliebtes Genußmittel ist, den eigenartigen Geschmack und Geruch, ebenfalls infolge der Wirkung eines Ferments auf ein nicht näher bekanntes Glukosid. — Industriell wichtige Fermente sind (für die Spiritusfabrikation und die Bierbrauerei) die Diastase, die in der gekeimten Gerste, dem Malz, enthalten ist, und (für die Seifenfabrikation) die fettspaltenden Fermente, die sog. Steapsine, der Rizinussamen.

Am interessantesten von allen Fermenten sind wohl diejenigen, welche sich bei der Lebenstätigkeit der Mikroorganismen[1]) kundtun. Früher hatte man geglaubt, daß die Vorgänge z. B. der alkoholischen Gärung durch die Hefe bei der Wein-, Bier- und Brotbereitung, des Sauerwerdens alkoholischer Flüssigkeiten durch die Essigsäurebakterien untrennbar mit der Lebenstätigkeit der Mikroorganismen verbunden sei. Denn Versuche, wirksame Bestandteile aus den Mikroorganismen zu isolieren, waren stets fehlgeschlagen. Nur ein nicht gärungerregendes Ferment konnte aus der Hefe dargestellt werden, die **Invertase** (Invertin), welche den Rohrzucker, den man den Obstsäften, z. B. dem Traubensaft, vor der Gärung zusetzt, in gärungsfähigen sog. Invertzucker $C_6H_{12}O_6$ umändert. Heute kennt man aber zellenfreie alkoholische, Essigsäure- und Milchsäuregärung, so daß wir berechtigt sind, anzunehmen, daß auch bei noch manchen anderen bis jetzt nicht aufgeklärten Prozessen, bei denen wir Mikroorganismen tätig sehen, die Umbildungen auf Fermentwirkungen zurückzuführen sind. Allerdings die Erzeugung des Gärungs-, Essigsäure- und Milchsäureferments bleibt nach wie vor lebenden Zellen vorbehalten; es ist nur möglich, das Ferment von der Zelle zu trennen.

Das **Hefeferment**, welches den gärungsfähigen Zucker unter Kohlensäureentwicklung in Alkohol überführt, ist die **Zymase**, welche man in Form eines Auszugs aus der Hefe gewinnt. Außer dieser und Invertase finden sich in der Hefe noch andere Fermente und viele sonstige Verbindungen, deren Zahl Hunderte betragen dürfte. Selbstverständlich schließt mit der alleinigen Alkoholbildung das Bild der alkoholischen Gärung nicht ab. Es entstehen bei ihr regelmäßig auch Glyzerin und andere Stoffe, die zum Teil als charakteristische Kennzeichen des Endproduktes anzusehen sind, das Bukett (die Blume) und das Aroma des Weins und Geschmackseigentümlichkeiten der Biere. Teils außerhalb der Hefezelle liegende Momente mögen dabei mitspielen (z. B. bei den Bieren Wasser und Klima), teils innerhalb der Hefezelle zu suchende (z. B. beim Wein). Auf dieses kann nicht weiter eingegangen werden.

Unter **Wein** versteht man das aus dem Safte der frischen Weinbeeren hergestellte alkoholische Getränk. Die benötigten Hefezellen haften an den Weinbeeren. Was aus dem Rohrzucker wird, den man

---

1) Vgl. hierzu Gutzeit, Die Bakterien im Haushalt der Natur und des Menschen (ANuG Bd. 242).

manchmal vor der Gärung zusetzt, s. bei Invertase. — **Bier** heißt das alkoholische Gärungsprodukt eines mit Hopfen verkochten Malzauszuges. Der ganze Vorgang der Bierbereitung setzt sich aus folgenden chemischen Einzelvorgängen zusammen. Zunächst wird die Gerste in Malz verwandelt, indem man sie keimen läßt. Dabei entsteht in ihr ein neues Ferment, die Diastase, die befähigt ist, die Stärke der Gerste (und überhaupt Stärke) in **Maltose** $C_{12}H_{22}O_{11}$ und in Dextrin überzuführen. Die Überführung geschieht im Maischprozeß durch Erwärmen des zerkleinerten Malzes mit Wasser auf eine Temperatur von 60—65°. Der wässerige Auszug, die sog. Würze, wird darauf mit Hopfen verkocht und nach dem Abkühlen mit Hefe versetzt. Durch diese wird infolge des in ihr enthaltenen weiteren Ferments **Maltase** die nicht gärungsfähige Maltose in gärungsfähigen Zucker übergeführt und der letztere infolge der Wirkung der Zymase vergoren.

Bei der **Brotbäckerei** haben wir es entweder mit einer sauren oder nicht sauren Gärung zu tun. Zu einer sauren Gärung kommt es, wenn man den durch Kneten des Mehls mit Wasser — auf andere Zutaten, wie Salz, Milch usw. braucht hier keine Rücksicht genommen zu werden — bereiteten Brotteig einige Zeit an der Luft stehen läßt. Es treten dann Hefezellen und Milchsäurebakterien hinzu, so daß neben der alkoholischen Gärung noch eine saure einhergeht. Durch die Milchsäure wird ein Teil der Stärke verzuckert. Die Tätigkeit der Hefe erstreckt sich dann darauf, sowohl den im Mehl natürlich vorkommenden Zucker wie den aus der Stärke entstandenen in Gärung zu versetzen. Praktisch wird der Brotteig durch Zusatz von altem, bereits gesäuertem Teig (altem Sauerteig) umgewandelt, da alter Sauerteig die in Frage kommenden Mikroorganismen schon reichlich enthält. Mit Sauerteig wird nur das Schwarzbrot gebacken; dasselbe verdankt seine dunkle Farbe der Wirkung eines oxydierenden Ferments, einer Oxydase. Für die nicht saure Gärung des Brotteiges bedient man sich künstlicher Hefekulturen, die mitunter mit Stärkemehl vermischt im Handel vorkommen. Der Prozeß ist auch hier ein zweifacher. Einerseits wirkt die Hefe auf den im Mehl enthaltenen Zucker wie bei der Sauerteiggärung ein, anderseits wird durch der Diastase (s. d.) ähnliche Fermente Stärke in Zucker verwandelt. Eine vollständige Vergärung des Zuckers findet weder bei der sauren noch bei der nicht sauren Brotgärung statt. — Durch die bei der Gärung auftretende

Kohlensäure kommt es zu einer Lockerung des Teiges, an der während des Backens der Alkohol durch seine Verflüchtigung teilnimmt. Weiteres über das Brot ist S. 66 und 77 erwähnt. Dadurch die teilweise Zersetzung des Brotteigs Alkohol und Kohlensäure entstehen, so geht natürlich etwas an Nährstoffen verloren.

Um den Nährstoffverlust zu vermeiden, hat man zur Entwicklung der Kohlensäure im Teig die Anwendung von Backpulvern vorgeschlagen, die unter dem Namen „Hefenmehl", „Schnellhefe", „Backmehl" empfohlen werden. Sie bestehen meist aus Mischungen von doppeltkohlensaurem Natrium, Weinsäure und Stärkemehl; an Stelle dieser Säure wird auch Weinstein, d. i. saures weinsaures Kalium, welches als saures Salz wie Weinsäure wirken kann, verwendet. Ein in den Haushaltungen wohlbekanntes Mittel ist das sog. Hirschhornsalz, von dem bereits S. 35 die Rede war. Diese Backpulver sind zur Bereitung feiner Back- und Konditorwaren und für den Hausgebrauch geeignet. Ein beliebtes Lockerungsmittel ist das Eiweiß, das zu Schnee geschlagen wurde. Die kleinen Bläschen enthalten Luft, die sich beim Backen ausdehnt und dadurch den Teig lockert. Für gesäuerte Teige ist auch Pottasche ein Lockerungsmittel, da aus dieser Kohlensäure entwickelt wird. Zur Bereitung von Brot sollte nur Sauerteig oder Hefe verwendet werden.

Die Zymase begegnet uns im Pflanzenreiche sehr oft. Alkohol wurde in Birnen, in Gersten-, Weizen- und Erbsensamen, in vielen Sprossen, z. B. Rebensprossen, und in vielen Keimlingen nachgewiesen. Mit seinem Auftreten gehen tief eingreifende Umlagerungen in den lebensfähigen Zellen einher, wenn ihnen jede Zufuhr von Sauerstoff abgeschnitten wird. Ihr Sauerstoffbedürfnis befriedigen sie dann durch eine andere Atmung, die die intramolekulare genannt wird. Überall scheint es da zur Zymasebildung und zu einem Eingreifen dieser zu kommen. Zymase scheint sich auch im Tierkörper zu bilden, da man mit verschiedenen Organauszügen alkoholische Gärung hat bewirken können.

Uns sonst ganz fremde alkoholische Getränke bereiten viele Völker aus Milch; so die nomadisierenden Völkerschaften der südöstlichen Steppen Rußlands den **Kumyß** und die Höhenbewohner des Kaukasus den Kefir. Der Alkoholgehalt dieser Getränke ist gering (Kumyß etwa 2,5 %, Kefir etwa 0,8 %), so daß wir es nicht mit berauschenden, sondern mit Erfrischungsgetränken zu tun haben. Zur Bereitung des Kumyß dient Stutenmilch und Kamelmilch, zur Bereitung des Kefir Kuhmilch. Dem Kumyß hat man auch bei uns Aufmerksamkeit geschenkt, nachdem in Rußland durch seine Anwendung günstige Erfolge bei Ernährungsstörungen erzielt worden waren. Da aber unsere Verhältnisse die Anwendung von Stuten= und Kamelmilch nicht gestatten, so war man auf die Anwendung von Kuhmilch verwiesen. Als Gärungs= erreger für den Kumyß dient in Rußland alter Kumyß wie bei uns für die Sauerteiggärung alter Sauerteig. Bei der Kefirbereitung dagegen werden zur Milch die Gärungserreger in Substanz zugesetzt. Es sind im trockenen Zustande schmutziggelbliche bis gelbliche Klümpchen, welche in der Milch leicht quellen. Neben der Kuhmilch kommt bei uns ledig= lich das Kefirferment in Frage, so daß unser Produkt Kefir ist. Die Kefirkörner stellen keine Gebilde aus einheitlichen Mikroorganismen dar, sondern ein inniges Gemenge der Hefezellen Saccharomyces Kefir, eines Dispora caucasica (Bacillus caucasicus) genannten Bazillus und zweier Streptokokken. Alle diese mögen bei der Kefir= bereitung beteiligt sein, und zwar in einer Symbiose, das ist in einer untrennbaren gemeinschaftlichen Tätigkeit wie die verschiedenen Bakterien bei der Käsebereitung, die auch da einen gemeinschaftlichen Haushalt bilden. Es scheint, daß durch das Kefirferment zuerst eine Milchsäuregärung hervorgerufen wird, daß die Milchsäure dann so= wohl koagulierend auf das Milchkasein wie spaltend auf den Milch= zucker wirkt, und daß die durch Spaltung aus dem letzteren hervor= gegangenen neuen Kohlenhydrate Galaktose und Dextrose durch die Zymase vergoren werden.

Eine zweite Art von für den menschlichen Haushalt wichtigen Fer= mentprozessen sehen wir in der **Essigsäuregärung**, bei welcher alko= holhaltige Flüssigkeiten unter der Einwirkung eines aus der Luft hin= zugetretenen Pilzes, Micrococcus aceti (Mycoderma aceti) sauren Geruch und Geschmack annehmen und in das übergehen, was wir Essig (S. 39) nennen. Das wirksame Ferment des Pilzes ist eine Oxy= dase, die zum Unterschied von anderen Oxydasen Essigsäurebakterien= oxydase genannt wird.

Die Milchsäuregärung, der dritte für uns wichtige Gärungsprozeß, tritt, wie wir S. 88 noch sehen werden, beim Einmachen des Sauer= krauts und der grünen Bohnen und, wie wir S. 62 gesehen haben, bei der Milchsäuerung ein. Der Pilz ist der Bacillus Delbrückii und das wirkende Ferment die Milchsäurebakterienzymase. Bei der Milch= säuregärung wird der Milchzucker, Traubenzucker und Rohrzucker in Milchsäure gespalten. — Ein besonderes, von dem erwähnten Bazil= lus verschiedenes Milchsäureferment, der Bacillus Bulgaricus (Strepto- bacillus Lebenis), bewirkt die Überführung der Milch in Joghurt.

Nebenher wirken noch einige andere Bakterien, die alle in ihrer Gesamtheit dem Produkt seine kennzeichnenden Eigenschaften geben. Nur tritt der Alkoholgehalt ganz zurück; Alkohol braucht in dem Joghurt zum Unterschied von Kefir und Kumyß überhaupt nicht vorhanden zu sein. In den Balkanländern, wo Joghurt schon seit Jahrtausenden im Gebrauch ist, bedient man sich der Schaf- oder Ziegenmilch und setzt das Ferment in Form von Joghurtresten, sog. Maya, hinzu. Ursprünglich entstammt das Ferment dem Magen getöteter Schafe, in den es offenbar von gewissen Wiesenkräutern, die als Futter gedient haben, übergegangen war.

4. Die Konservierungsmethoden.

Ein buntes Treiben sehen wir in einem Sonnenstrahl, der in ein dunkles Zimmer fällt. Unzählig viele kleine Stäubchen, mitunter Hunderttausende in einem Kubikzentimeter, schweben auf und nieder, bis sie zu einem Punkte kommen, wo sie Ruhe finden. Neben diesen Sonnenstäubchen, wie wir sie nennen, machen aber noch viele andere, die wir mit dem bloßen Auge nicht wahrnehmen können und sich nur mit Hilfe des Mikroskops erkennen lassen, den gleichen Tanz im Sonnenstrahl mit. Auch sie, die an Zahl weit geringer als die anderen Stäubchen sind, suchen einen Ruhepunkt. Wenn diese aber einen solchen gefunden haben, der geeignet ist, dann zeigen sie im Gegensatz zu den anderen Stäubchen, daß sie recht lebendige Stäubchen sind. Auf dem erworbenen Nährboden vermehren sie sich, und manche Arten entwickeln sich zu sichtbaren und greifbaren Formen, und wo sie in dem auch ihnen beschiedenen Kampfe ums Dasein die Oberhand gewinnen, erkennen wir bald ihre schädigende, bald ihre nützliche Wirkung. Ihr Vorhandensein und ihre Tätigkeit zeigt sich in der mannigfaltigsten Art und an den verschiedensten Gegenständen, und überall sind sie zu Hause, wo Staub hinkommt, am allerwenigsten also weit ab vom Lande in der Meeresluft und in der Luft auf hohen schneebedeckten Bergen. Mikroorganismen oder Mikroben nennt man die lebenden Stäubchen; sie sind Schimmel- und Gärungspilze und Bakterien, meist in ihrem Dauerzustande als sog. Sporen. Die Beseitigung des schädigenden Einflusses derselben nennt man Konservierung und Desinfektion.[1]) Bei der Konservierung denkt man an die Erhal-

---
1) Vgl. Solbrig, Desinfektion, Sterilisation und Konservierung (ANuG Bd. 401).

Essigsäuregärung. Milchsäuregärung. Konservierung

tung irgendwelcher Gegenstände in ihrem brauchbaren Zustande, insofern dieser durch Mikroorganismen Schaden leiden kann. Bei der Desinfektion denkt man an die Unschädlichmachung der Krankheit bedingenden Stoffe, der pathogenen Bakterien.

Zur Konservierung unserer Nahrungsmittel und anderer Gegenstände, z. B. des Bauholzes usw., kommt es nur darauf an, entweder den Einfluß der Mikroorganismen auf Null herabzusetzen, oder die vorhandenen Mikroorganismen abzutöten und den Zutritt neuer zu verhindern. Die erstere Methode ist die weitaus älteste. Ausgezeichnete Verfahren zur Konservierung der Leichname haben die Ägypter bereits gehabt, so daß wir noch heute die vieltausend Jahre alten ägyptischen Pharaonen als Mumien sehen können.

Für die Entwicklung der Mikroorganismen ist ein gewisser Grad von Feuchtigkeit notwendig. Durch **Austrocknen** unserer Nahrungsmittel gelingt es sonach, dieselben vor der Zersetzung zu bewahren. Die Methode wird bei uns wohl ausschließlich zur Konservierung der vegetabilischen Nahrungsmittel angewendet. Unsere Hülsenfrüchte, Erbsen, Bohnen, Linsen usw., ferner Obstsorten, Zwetschen, Feigen, Äpfel usw. sind wir gewöhnt, im getrockneten Zustande für längere Zeit aufzubewahren. Damit das Obst, welches sehr wasserreich ist, rasch trocknet, wird es auf Hürden in Trockenräumen höheren Temperaturen ausgesetzt, Äpfel und Birnen, nachdem sie vorher in Scheiben zerschnitten wurden. Von getrockneten Nahrungsmitteln animalischer Art kennt man bei uns nur den getrockneten Kabeljau, den sog. Stockfisch. — Die Konservierung vegetabilischer und animalischer Stoffe durch Trocknen ist überhaupt vielfach benutzt. Der Landwirt wendet die Methode zur Bereitung des Heus an, der Botaniker für die Anlegung seines Herbariums, der Zoologe für seine Schmetterlings- und Käfersammlung und der Gewürz- und Kräuterhändler für die Gewinnung der Drogen.

Eine moderne Art der Konservierung ist die durch **Kälte**. Chemisch läßt sich dieses dahin erklären, daß die Geschwindigkeit einer Reaktion mit steigender Temperatur wächst und bei niederen Temperaturen auf ein Minimum herabsinkt (vgl. S. 76 unter Dünsten). Bei niederen Temperaturen kann sonach die Lebenstätigkeit der Mikroorganismen nur eine äußerst beschränkte sein. Die Wirkung der Kälte ist bekanntlich eine ganz vorzügliche. Das beweisen die vielen in den Eisregionen bisher gefundenen Tierleichen (Mammute, Büffel), die gewiß Jahrtausende an ihren Fundorten gelegen haben mögen, ohne daß sie der Fäulnis anheimfielen. Heute, wo die Eisbereitung ein besonderer Fabrikationszweig ist, hat die Kältekonservierung eine vielseitige Anwendung gefunden. Frisches Fleisch und Fische werden heute, in Eis verpackt, weithin versandt; auch für Milch wendet man das Kälteverfahren in verschiedenster Ausführung an. Die Konservierung durch Kälte ist heutzutage eine so allgemein übliche, daß man in den allermeisten Haushaltungen und in allen Gewerben, denen die Konservierung der Nahrungsmittel eine Wichtigkeit ist, einen Eisschrank findet.

Andere Arten, die Entwicklung der Mikroorganismen einzuschränken, sind das **Räuchern, Salzen, Zuckern** und Versetzen mit **Konservierungsmitteln.** Beim **Räuchern** wirken die Rauchgase einerseits durch ihre Wärme, indem sie ein teilweises Austrocknen bewirken, anderseits durch ihre antiseptisch wirkenden Bestandteile. Als Heizmaterial dient dabei das Holz, in dessen Verbrennungsgasen als wirksame Bestandteile Holzessig und Kreosot enthalten sind. Steinkohlen liefern nur qualmende, unangenehm wirkende Verbrennungsprodukte. Das Räuchern wird bei Fleisch und Fischen angewendet (Schinken, Würsten, Heringen usw.). Bequemer ist die heute vielfach betriebene sog. Schnellräucherei, bei der das Fleisch mit rohem Holzessig bestrichen oder für kurze Zeit in denselben hineingetaucht wird. — Das **Salzen** wird sowohl bei animalischen wie bei vegetabilischen Nahrungsmitteln ausgeführt. Bei den ersteren nennt man das Verfahren allgemein **Pökeln.** Das Fleisch oder die Fische (Heringe, Sardellen) werden dabei mit Salz bestrichen. Es bildet sich dabei auf der Oberfläche eine konzentrierte Salzlösung, welche infolge der osmotischen Druckdifferenz zwischen sich und der inneren Zellflüssigkeit die letztere reichlich anzieht, so daß von den so behandelten Waren eine sog. Lake abfließt, in der außer Salz noch Extraktivstoffe des Fleisches oder der Fische enthalten sind. Ähnliche Operationen werden mit Weißkohl, der sog. Sauerkraut dabei liefert, und mit Bohnen vorgenommen. Der geschabte Weißkohl und die geschnittenen Bohnen werden in Töpfen oder Fässern schichtweise mit Salz bestreut und dann sich selbst überlassen. Infolge der osmotischen Druckdifferenz fließt auch hier eine Lake ab. Gleichzeitig tritt noch eine andere Erscheinung ein, die der Milchsäuregärung, die für die Schmackhaftigkeit des Produktes notwendig ist und nur bei zu starkem Salzen unterbleibt. Nebenher wird etwas alkoholische Gärung beobachtet. Die Milchsäuregärung, bei der der immer vorhandene Zucker unter dem Einflusse von Milchsäurebazillen in Milchsäure, die den säuerlichen Geschmack bedingt und selbst wieder fäulniswidrig wirkt, übergeführt wird, ist wie die alkoholische Gärung mit der Entwicklung von Kohlensäure verbunden, die ihrerseits das betreffende Gemüse in die Höhe treiben würde. Um dieses zu verhindern, wird das Gemüse mit Steinen in der üblichen Weise beschwert. Beim Salzen des Fleisches und der Gemüse wirken die Salzlake und das in das Innere eingedrungene Salz konservierend. Es ist dieses auch beim Einmachen der Salzgurken der Fall, wo der Prozeß nur sehr einfach ist. Beim Salzen der Butter soll das Salz ebenfalls als Konservierungsmittel dienen, ebenso beim Kaviar.

Mit dem Konservieren mit Salz ist das Konservieren mit Zucker und Essig zu vergleichen. Auch durch diese Stoffe wird dem zu behandelnden Material (Früchte, Gurken) auf osmotischem Wege Wasser entzogen und hierdurch die Entwicklungsbedingung für die Mikroorganismen erschwert. Anderseits sind **Zucker** und **Essig** wirkliche Konservierungsmittel. Das Konservieren mit Essig unter gleichzeitiger Verwendung von Salz und Gewürzen nennt man **Marinieren**. Der Zucker gestattet als Konservierungsmittel viele Ausführungsformen. So ist er auch zur Bereitung trockener Konserven (kandierter Früchte, Zitronen- und Curaçaoschalen) brauchbar.

Auch **Spiritus** wirkt antiseptisch. In Form von Branntwein wird er nur bisweilen im Haushalt angewendet, mehr dagegen in der Wissenschaft zur Konservierung anatomischer Präparate. Die Wirkung ist wieder zunächst eine osmotische. An Stelle von Spiritus sehen wir für wissenschaftliche Zwecke noch Glyzerin angewendet.

Die Zahl derjenigen Stoffe, welche in geringerer Menge zur Konservierung irgendwelcher Objekte zugesetzt werden, ist eine ungemein große. Nach der Bekanntmachung des Bundesrats vom 3. Juni 1900 zum Fleischbeschaugesetz sind Borsäure und deren Salze und eine ganze Anzahl anderer namentlich aufgeführter Substanzen zur Konservierung von Fleischwaren verboten. Alle diese Stoffe, die in kleinerer Menge nicht gesundheitsschädlich sind, wirken in größerer Menge gesundheitsschädigend. Ein beliebtes Konservierungsmittel für den Hausgebrauch ist die Salizylsäure, der zwar die große antiseptische Wirkung nicht zukommt, die man ihr gewöhnlich zuschreibt. Eine mehr oder minder gute konservierende Wirkung zeigen alle Gewürze.

Sehr interessant ist das Vorkommen der Benzoesäure in den Preiselbeeren. Denn die **Benzoesäure** ist ebenfalls eine sehr konservierende Substanz, und der Gehalt an Benzoesäure (1 g in 2000 g Beeren) ist größer, als zur Konservierung notwendig wäre. In Form von benzoesaurem Natrium ist die Benzoesäure für eingemachte Früchte und Marmeladen ein ganz modernes Konservierungsmittel geworden.

Die zweite Art der Konservierung, die vorhandenen Mikroorganismen abzutöten und den Zutritt neuer zu verhindern, geschieht unter Anwendung größerer und länger andauernder Hitze. In ihrer ältesten und rohesten Form sehen wir solche Konservierung bei dem überall beliebten Kochen der frischen Milch, bei dem nur die augenblicklich in der Milch vorhandenen Organismen getötet werden, der Zutritt neuer Organismen zur kalten Milch aber nicht verwehrt wird. Um den Zutritt neuer Organismen aus der Luft zu verhindern, sind besondere luftdicht verschließbare Gefäße nötig, die heute für die verschiedensten Bedürfnisse fabrikmäßig hergestellt werden und ein vollständiges oder nahezu vollständiges Keimfreimachen (**Sterilisieren**) gestatten. Die ganze Methode hat ihr Prototyp in dem vor nahezu 100 Jahren von Appert konstruierten Apparate. Beim Konservieren durch Sterilisation ist folgendes zu berücksichtigen.

Jeder lebende Organismus verliert schon die Fähigkeit, weiter zu leben, wenn er andauernd höheren Temperaturen ausgesetzt wird, als die sind, unter denen er zu leben gewöhnt ist. Bei den Mikroorganismen findet sich nun manchmal das Eigenartige, daß ihre Dauerformen (Sporen) gegenüber höheren Temperaturen widerstandsfähiger sind als sie selbst, und mitunter sogar zu ihrer Abtötung eine höhere Temperatur erfordern. Eine genügend lange Zeit zum Keimfreimachen bei höherer Temperatur ist sonach das erste Erfordernis. Dazu kommt, daß wegen der verschiedenen Wärmeleitung die Steigerung der Innentemperatur der Sterilisiergefäße sich langsamer vollzieht. Man kann aber als Regel annehmen, daß für die Bedürfnisse der Küche ein genügend langer Aufenthalt der luftdicht verschlossenen Sterilisiergefäße im kochenden Wasser genügt, das erstrebte Ziel zu erreichen. Die Ausführung des ganzen Verfahrens ist zu bekannt, als daß sie einer ausführlichen Beschreibung bedürfe.

Beim **Soxhletschen Apparate** wird der Verschluß der Gläser durch Gummiplättchen bewirkt, die durch ein Metallhütchen in ihrer Lage festgehalten werden. Beim Kochen der Milch während der vorgeschriebenen Zeit (etwa ½ Stunde) entweicht mit den Dämpfen die Luft. Läßt man dann abkühlen, so werden die Plättchen infolge des äußeren Luftdrucks auf den

Konservierungsmittel. Sterilisieren

geschliffenen Glasrand fest aufgepreßt, so daß von außen keine Luft hinzutreten kann und ein gewisser Kraftaufwand erforderlich ist, die Plättchen zu entfernen. Dadurch läßt sich kontrollieren, ob die Milch brauchbar ist. Sitzen nämlich nach dem Erkalten der Milch die Gummiplättchen fest auf den Flaschen, so hat man eine für die Kinderernährung geeignete Milch, die mehrere Tage lang zu gebrauchen ist. Lassen sich aber die Plättchen leicht abnehmen, oder fallen dieselben gar herunter, so ist die Milch für Kinder nicht mehr zu gebrauchen, weil sie durch den Zutritt der Luft wieder mit lebenden Mikroorganismen in Berührung kam.

Den Apparaten für die Konservierung anderer Nahrungsmittel liegt die ähnliche Idee zugrunde. Jedoch kann man zwei Systeme unterscheiden. Bei dem ältesten System, nach dem u. a. der **Weck-Apparat** arbeitet, werden die Gefäße mit ihrem Inhalt während der in einem beigefügten Kochbuche angegebenen Zeit in heißem Wasser, das nennt man in einem Wasserbade, von der vorgeschriebenen Temperatur erhitzt; bei dem anderen System, auf dem u. a. der **Bade-Duplex-Apparat** beruht, erfolgt die Sterilisierung im Wasserdampf von 100°, das nennt man in einem Dampfbade. Um hier den notwendigen Dampfdruck zu erzielen, muß der Deckel beschwert und mit einer Einrichtung nach Art eines Ventils versehen sein, die bei einem Dampfüberdruck ein Abblasen des Wasserdampfes gestattet. Die Beschwerung des Deckels geschieht dadurch, daß man diesem die Form einer Haube gegeben hat, deren Rand tief in den Wasserkessel eintaucht. Bei den Apparaten der letzteren Art hat man vor den anderen den Vorteil, mit wenig Wasser, darum auch mit weniger Feuerungsmaterial, zudem bei einer halb so langen Zeitdauer auszukommen und den Apparat nach Belieben nach Einsetzen eines Thermometers auch als Wasserbad wie einen Weck-Apparat verwenden zu können. — Die Einmachgläser lassen sich für jeden Apparat gebrauchen; sie werden mit einem Glasdeckel unter Zwischenlegung eines Gummiringes verschlossen. Während des Sterilisierens wird der Deckel, damit er fest aufliegt, durch eine federnde Einrichtung auf den Gummiring niedergedrückt. Da während des Sterilisierens Luft aus dem Konservenglas austritt, so preßt beim Erkalten der äußere Luftdruck den Deckel fest auf, genau wie bei den Sorhlet-Fläschchen. Im Gebrauch sind Einmachgläser, die am Halse etwa ½ cm unter der Öffnung einen geschliffenen Glasring haben, auf den der Gummiring zu liegen kommt, und bei denen der Deckel über die Halsöffnung ebenfalls etwa ½ cm tief übergreift, und andere Gläser, bei denen der Gummiring direkt auf den geschliffenen Halsrande liegt. Bei den letzteren ist die Möglichkeit, daß der Inhalt mit dem Gummiring in Berührung kommt und ihn mit Deckel und Glas verklebt, jedenfalls größer als bei den Gläsern der anderen Art, denen ich den Vorzug gebe.

Für einzelne Zwecke ist ein geeignetes Mittel, die Luft abzuhalten, Öl und Fett. Die Methode sehen wir angewendet bei Sardinen und Fleischwaren, die natürlich vorher wie bei Sardinen durch Kochen in dem betreffenden Öl oder wie bei Fleischwaren durch Braten keimfrei gemacht worden sind. Den verderblichen Einfluß der Luft kann man bei Eiern in vorteilhafter Weise durch Überziehen mit Wasserglaslösung verhindern. Es bildet diese mit der Masse der Eierschale kieselsaures Kalzium, welches die Poren der Schale luftdicht verschließt (vgl. S. 31).

Durch den großartigen Aufschwung der Technik der Konservierung der Nahrungsmittel hat sich der Speisenzettel der alten Küche ganz verändert. Denn jetzt kennt die Küche keinen Unterschied in den Jahreszeiten mehr. Spargel mit ihrem unveränderten Aroma können wir im Winter essen und Rebhühner und die Braten von anderem Wild, wenn Schonzeit ist. Auch die letzte und offenbar schwierige Frage ist für denjenigen, der sich kein Mittagessen ohne eine gute Suppe vorstellen kann, gelöst. Er hat zur Bereitung seiner Suppe nur nötig, die von Maggi und Knorr gebrauchsfertig hergestellten Suppenkonserven unter Beachtung der aufgedruckten Vorschrift kurze Zeit mit Wasser zu kochen. Namentlich Maggi bietet eine ungewöhnlich reiche Auswahl von mehr als 25 Sorten Suppenwürfeln und damit eine große Abwechslung für jeden Geschmack. Sie sind nicht nur eine Annehmlichkeit für die Bereitung der gewöhnlichen Mahlzeit, sondern auch eine Wohltat bei der außergewöhnlichen Ernährung des Kranken und des Kindes. Ferner sind wichtig Maggis Fleischbrühwürfel und gekörnte Fleischbrühe, die durch Übergießen mit kochendem Wasser eine kräftige und wohlschmeckende Fleischbrühe ergeben.

5. Die Speisenvergiftungen.

Im allgemeinen verhalten wir uns vorgekommenen Vergiftungsfällen gegenüber ziemlich gleichgültig. Wir lesen den Fall, entsetzen uns auch darüber, und dann vergessen wir die Sache. Vanilleeis, Fleisch- und Fischkonserven, Austern und Muscheln haben an ihrer Bedeutung als Genuß- und Nahrungsmittel noch nichts verloren. Feinschmecker finden den Wohlgeschmack des Fleisches erst, wenn es wenigstens einen gewissen Grad der Selbstzersetzung, den hautgout, zeigt, und wir denken nicht im geringsten darüber nach, daß Bienen aus den Blüten unserer einheimischen Giftpflanzen, des Oleanders und des Fingerhuts, Gift in den honig tragen könnten. Am allergleichgültigsten steht mancher einer Alkoholvergiftung gegenüber, wenn sie in der Form eines Katzenjammers auftritt; er freut sich dann sogar noch, einen angenehmen Abend verlebt zu haben. Wir verlassen uns bei allem immer auf unser gutes Glück und auf zwei alte Erfahrungssätze: Alles mit Maß und Ziel, und ein guter Magen kann vieles vertragen. Zu dem Schutz, den die große Verdauungskraft unseres Magens gegen die Erkrankungsgefahr bietet, gesellt sich aber noch ein anderer nicht zu unterschätzender Schutz hinzu, der uns nicht in uns, sondern von außen geboten wird, der Schutz durch die Polizei auf Grund verschiedener Gesetze.

Zunächst wenden wir unsere Aufmerksamkeit den Geschirren und dem Wasser zu. Die Geschirre, die zur Herrichtung der Speisen in der Küche gebraucht werden, sind von Eisen, emailliertem Eisen, Kupfer, Messing, Nickel, verzinntem Metall oder glasierter Töpferware. Durch stark saure oder stark salzhaltige Speisen ist die Möglichkeit gegeben, daß von der Geschirrmasse etwas in Lösung geht. Diese Möglichkeit ist um so größer, je länger die Speise mit dem Geschirr in Berührung war. Hierauf, und wie die emaillierten Geschirre und die glasierten Töpferwaren beschaffen sein müssen, ist bei der Besprechung der Metalle Zink, Kupfer, Zinn und Blei schon Bezug genommen. Was von den kupfernen Geschirren gesagt worden ist, gilt auch von den Nickelgeschirren; nur ist das Nickel weniger giftig. Ganz harmlos wie das Eisen ist das Aluminium. Aus allem ergibt sich, daß wir Geschirre mit stark bleihaltiger Email oder Glasur, d. s. zum Verkaufe polizeilich nicht gestattete, vom Gebrauche ausschließen, ebenso verzinkte und verzinnte mit mehr als 1% Bleigehalt in der Verzinnung, und daß wir in der Küche das Kupfer- und Nickelgeschirr, damit es an die Speisen nichts abgebe, immer blitzblank halten und nicht unnötig lange mit den Speisen in Berührung lassen. Das Wasser bedürfen wir als anorganischen Nährstoff unter anderm im Trinkwasser, und als notwendiges Hilfsmittel dient es uns für die Bereitung unserer meisten Speisen. Auch das Wasser kann gesundheitsschädlich sein. Ob ein Wasser genießbar ist oder nicht, darüber entscheidet die chemische und bakteriologische Untersuchung. Ein Wasser z. B., welches mit menschlichen und tierischen Abfallstoffen, also auch mit Fäulnis- und Krankheitsstoffen in Berührung gekommen ist, wird bei der chemischen und bakteriologischen Untersuchung stets als ungenießbar erkannt. Außer den normalen Bestandteilen des Wassers (s. d.) kann sich Blei und Zink, welches von den Leitungsröhren stammt, im Wasser vorfinden. Namentlich durch die Benutzung von Bleiröhren für Hausleitungen sind schon wiederholt Vergiftungen vorgekommen. In den modernen Städten in Deutschland wird man

III. Die Chemie in der Küche. 5. Die Speisenvergiftungen

heute von dem Wasser wohl kaum etwas zu fürchten haben. Anders sieht es aber im Ausland und auf dem platten Lande aus. Wenn man sich auf dem platten Lande nur umsieht, wo die Brunnen sind, wird man in sehr vielen Fällen über die Genießbarkeit des Wassers für den ungewöhnten Magen nicht im Zweifel sein. Das beste Mittel, den Durst dort zu löschen, sind abgekochte Milch und Mineralwasser, das man heutzutage überall erhalten kann. Weniger besorgt braucht man zu sein, wenn das Wasser gekocht war, wie es bei der Bereitung der Suppen, der Gemüse und des Kaffees der Fall ist, da durch das Kochen viele Bakterien abgetötet und gesundheitsschädliche Stoffe zerstört werden. Gegen einen Bleigehalt des Wassers, wie er aus Hausleitungen stammt, schützt man sich am besten, wenn man das in den Röhren gestandene Wasser zuerst abfließen läßt.

Ein Trinkwasser mit mehr als 50 Härtegraden wird gewöhnlich als unbekömmlich angesehen, Wasser mit 10—15 Härtegraden besitzt den besten Geschmack, während Wasser mit noch geringeren Härtegraden als zu weich angesehen wird. Darüber, ob ein Wasser als hart oder weich angesehen werden muß, entscheidet die für die einzelnen Orte sonst gewöhnte Zusammensetzung. Eine besondere Schädlichkeit als Trinkwasser schreibt man dem ganz reinen Wasser zu, in dem keine gelösten Stoffe vorhanden sind. Zu diesen reinen Wässern gehört das destillierte Wasser und das Gletscherwasser. Die Schädlichkeit liegt in der Notwendigkeit der Erfüllung eines rein physikalischen Gesetzes, des des osmotischen Drucks. Nach der Hypothese werden sich nach der Aufnahme solcher reinen Wässer in den Magen infolge der osmotischen Druckdifferenz zwischen Wasser und dem Zellinhalt die Gewebe rasch mit Wasser füllen, und es wird die Unbekömmlichkeit hervorgerufen. Durch Zusatz von Stoffen aber, welche dem reinen Wasser einen höheren osmotischen Druck geben, wird die Druckdifferenz aufgehoben und das Wasser bekömmlich gemacht. Solche Stoffe sind Wein, Rum, Kognak, die Bädeker aus Erfahrung in seinem Führer durch die Schweiz als Zugaben zum Trinken des Gletscherwassers anrät.

Viele Speisenvergiftungen kommen durch **Verwechslungen** vor, indem für eßbare Substanzen die ähnlich aussehenden giftigen genommen werden. Da wird z. B. der eßbare Feldchampignon (Agaricus campestris) mit dem Knollenblätterpilz, dem falschen Champignon (Amanita phalloides), verwechselt. Die Ursache der Giftigkeit wird auf das Vorhandensein einer nicht näher untersuchten giftigen Substanz, Phallin genannt, zurückgeführt. Von den Erkrankten sterben 70—80%. Dann ist mit dem Kraut der Petersilie (Petroselinum sativum) häufig das des gefleckten Schierlings (Conium maculatum) verwechselt worden, einer höchst giftigen Pflanze, deren Saft im alten

Athen als Tötungsmittel für Staatsverbrecher benutzt wurde. Alljährlich lesen wir in den Zeitungen, daß Kinder nach dem Genusse der Tollkirsche (Atropa Belladonna), die sie mit irgendeinem erlaubten Obst verwechselt haben, gestorben sind. Die reifen Tollkirschen schmecken nämlich anfänglich deutlich süß, hernach etwas bitter, aber nicht genügend, so daß Kinder viele Beeren verschlucken können, ehe ihnen der Geschmack auffällt. Das giftige Prinzip der Tollkirsche ist das in der Augenheilkunde benutzte Atropin, gegen das namentlich das Kind besonders empfindlich ist. Nur wenige Beeren sollen schon tödliche Vergiftungen hervorrufen können.

In der Küche der verschiedenen Völker spielen wegen ihres Stärkemehlgehalts einige Pflanzen eine Hauptrolle, die von Hause aus giftig sind und bei ihrer Zubereitung durch ganz einfache Verfahren entgiftet werden. Schälen, Waschen, Salzen, Kochen, Rösten hat instinktiv der Mensch als Entgiftungsmittel hierfür gefunden. Uns interessiert hier nur unsere einheimische Kartoffel. Daß die Pflanze giftig ist, kann uns nicht weiter wundern, da sie zu einer Familie gehört (Solanazeen), deren Glieder durchweg giftig sind; sie ist aber auch giftig in allen ihren Teilen, am meisten in den im Frühjahr aus den Knollen vorschießenden Keimen und den daran gebildeten Kartöffelchen, weniger in den Früchten und im Kraut, am wenigsten in den Knollen. Der giftige Stoff heißt Solanin und findet sich hauptsächlich in den peripheren Schichten, den Schalen, und ganz besonders in den Keimen und den sie umgebenden Partien, die alle vor dem Genuß regelrecht entfernt werden. Nach innen zu nimmt der Solaningehalt ab. Schält man geschälte Kartoffeln nochmals, so findet man in den abgeschälten Teilen den Solaningehalt größer als in dem anderen Teile; von innen ist also das Solanin nach außen gewandert. Mit dem Waschen der geschälten Kartoffeln bewirken wir demnach nicht nur eine Reinigung, sondern auch eine teilweise Entgiftung, die durch das Kochen, das uns die Speise für den Magen überhaupt verdaulich macht, vollendet wird. Eine Zunahme des Solaningehalts bei längerem Lagern, wie man mitunter angegeben findet, ist nicht zu beobachten. Wegen des sonst so geringen Solaningehalts in den Kartoffeln ist anzunehmen, daß bei den vorgekommenen Massenerkrankungen, die man als Kartoffelvergiftungen angesprochen hat, solaninreichere Kartoffeln verzehrt worden sind oder andere Ursachen vorlagen.

Zu den Speisepilzen gehören die Morcheln (Morchella-Arten) und die Lorcheln (Helvella-Arten). Erstere sind ungiftig, letztere aber im frischen und rohen Zustande giftig; doch können sie durch Auskochen mit Wasser entgiftet werden. Das giftige Prinzip ist eine Helvella-säure genannte Substanz.

Eine ganz besondere Beachtung verdienen diejenigen Speisenvergiftungen, die in letzter Linie auf die **Lebenstätigkeit von Bakterien** zurückzuführen sind. Ja, gerade die Aufsehen erregenden Erkrankungen der Neuzeit sind als solche Vergiftungen erkannt worden. Bald sind es die durch Abbau aus kompliziert zusammengesetzten organischen Substanzen entstehenden und unter dem Namen Ptomaine zusammengefaßten Fäulnisstoffe, bald sind es die direkt Krankheit erregenden pathogenen Bakterien und die von ihnen ausgeschiedenen Stoffwechselprodukte, die Toxine. Auf die Anwesenheit von Ptomainen führt man die Vergiftungen durch Miesmuscheln und Austern zurück, nachdem man gefunden hat, daß diese Tiere in verunreinigtem Wasser, also dem Abwasser einer Stadt, hochgiftig werden, sich aber dann in reinem Wasser wieder entgiften. Auch Fisch- und Käsevergiftungen können durch Ptomaine hervorgerufen werden. — Die pathogenen Bakterien, welche die Speisenvergiftungen hervorrufen, sind nicht wählerisch in ihrem Substrat. Es kann ebensogut Bohnengemüse, Kartoffelsalat, Fleisch, Fische, Mehlspeise, Milch, Käse sein, oder wie die Speise sonst noch heißen möge. Unter den Bakterien finden wir fast alle Erreger unserer gefürchteten Krankheiten, z. B. der Cholera nostras, des Typhus und der Ruhr. Durch pathogene Bakterien werden ferner die Erkrankungen nach dem Genusse **notgeschlachteter Tiere** hervorgerufen, wenn diese Tiere, was meist der Fall ist, krank waren, und ebenso führt man die noch nicht ganz aufgeklärten Hackfleischvergiftungen auf die Anwesenheit pathogener Bakterien zurück. Da nach dem Genusse von Hackfleisch häufig Erkrankungen entstehen, so wird vor diesem Genusse immer eindringlich gewarnt. Von den Fleischvergiftungen ist es am längsten bei der Wurstvergiftung, wie sie namentlich im Anfange des vorigen Jahrhunderts besonders in Württemberg und Baden vorkam, bekannt, daß sie durch pathogene Bakterien hervorgerufen wird. Von dem Bakterium der Wurstvergiftung (Bacillus botulinus) glaubte man früher, daß es nur auf Fleischteile angewiesen sei; es kann sich aber ebenfalls auf pflanzlichen Substraten entfalten. Am wenigsten sind die **Vanilleeisvergiftungen** aufgeklärt. Sie sind unzweifelhaft Milchvergiftungen; eigentümlich ist dabei, daß man solche Vergiftungen bisher noch nicht bei anderen Eissorten, die ebenfalls mit Milch und Sahne bereitet werden, z. B. dem Schokolade- und Haselnußeis, beobachtet hat, so daß es fast scheint, daß die pathogenen Bakterien hier keinen geeigneten Boden zur Entwicklung finden.

Wie soll man sich nun gegen alle diese Zufälligkeiten und Mißlichkeiten schützen? Es ist ja ganz unmöglich, alles chemisch und bakteriologisch vor der Zubereitung untersuchen zu lassen. Allerdings, wir müssen wieder auf unser Glück vertrauen. Aber ein vorzügliches Mittel haben wir doch, unsere Nase, und es sollte stets bei uns Regel sein, daß wir keine Speise genießen, die sich durch einen unangenehmen und für diese Speise ungewohnten Geruch bemerkbar macht. Es sollte auch stets unterlassen werden, zu suchen, durch Aufkochen oder Zutaten die Speise erträglicher zu machen. Fehler, gerade in diesem Punkte, haben in der Neuzeit zu den schwersten Vergiftungen geführt. Was speziell die Konserven betrifft, möchte ich noch erwähnen, daß durch Druck, Stoß und Rosten Beschädigungen der Büchsen eintreten und hierdurch wie durch sehr kleine Fehlstellen in der Lötung Bakterien in das Innere gelangen können, und daß diese Möglichkeit mit dem Alter der Konserven größer wird. Die größte Sicherheit vor Zersetzung bieten die mit Zucker oder Salz oder mit Öl bereiteten Konserven. Bei den grünen Gemüsekonserven wird mitunter ein mehr oder minder großer Kupfergehalt konstatiert. Es ist möglich, daß kleine Mengen Kupfer schon in der lebenden Pflanze enthalten waren; in der Regel aber wird der Kupfergehalt als eine absichtliche Zutat, um den Konserven eine schönere Farbe zu geben, anzusehen sein. Dieses Kupfern der Konserven durch Zugabe eines Kupfersalzes ist eigentlich verboten. Aber auf Grund eingehender Versuche, die ergeben haben, daß das Kupfer doch nicht die Giftigkeit besitzt, die früher angenommen wurde, ist man zu milderen Auffassungen gekommen, so daß man einen Kupfergehalt von höchstens 55 mg in einem Kilo Konserven meist unbedenklich heute passieren läßt. Mengen dagegen von 128—275 mg Kupfer in einem Kilo Konserven, wie sie schon gefunden worden sind, sind geeignet, die menschliche Gesundheit zu schädigen.

IV. Die Chemie in der Wohnung.

1. Heizung und Beleuchtung.[1])

Der Erzeugung von Wärme in unseren Öfen und von Licht in unseren Lampen liegen ganz gleichartige Prozesse zugrunde. Geeignete organische Substanzen (Steinkohle, Leuchtgas, Petroleum, Kerze usw.) werden mittels einer Wärmequelle, z. B. eines brennenden Streichhölzchens bei den Lampen, auf die Temperatur (Entzündungstemperatur) erwärmt, bei der sie sich mit dem Sauerstoff der Luft vereinigen können, also verbrennen. Sie senden dann Licht- und Wärmestrahlen in ihre Umgebung aus. Ist die brennende Substanz ein Gas (Leuchtgas), oder gibt sie gasförmige Stoffe ab (Steinkohle, Petroleum, Kerze), so entsteht eine Flamme, sonst glüht sie nur (Holzkohle). Befinden sich in der Flamme feste glühende Stoffe, z. B. die Kohlenpartikelchen von der Zersetzung der Petroleumbestandteile oder des Kerzenmaterials oder die Strumpfmasse bei den Auerbrennern, so ist die Flamme leuchtend, im andern Falle, z. B. bei der Spiritusflamme, nichtleuchtend. Leuchtend brennende Flammen oder glühende Massen nennt man Feuer. Die Wärmeabgabe bei der Verbrennung reicht aus, um die brennbare Substanz dauernd auf ihrer Entzündungstemperatur zu erhalten.

Ein wesentliches Erfordernis ist, daß in den Öfen und den Lampen die Verbrennung so reguliert wird, daß sie ihren Zweck erfüllt. Dieses ist dann der Fall, wenn in den Öfen möglichst sämtlicher Kohlenstoff des Brennmaterials in Kohlensäure übergeführt wird und in den Lampen nur so viel Kohlenstoff als Partikelchen abgeschieden wird, als zur Beleuchtung notwendig ist. In dem anderen Falle entsteht ein Rauch oder Qualm, und das bedeutet Kohlenstoffverlust, abgesehen von den gefährlichen Wirkungen, die die Rußablagerung in den Kaminen im Gefolge haben kann, und dem Verdorbenwerden der Zimmerluft durch rußende Lampen. Aber auch in unseren besten Öfen wird bei genügendem Luftzutritt in der Regel nicht sämtlicher Kohlenstoff in Kohlensäure übergeführt. Darüber belehrt uns der Schornsteinfeger. Außer Kohlenstoff enthalten unsere Brennmaterialien in der Regel noch andere Elemente in chemischer Bindung: Wasserstoff, Sauerstoff und geringe Mengen Schwefel. Nur bei der Holzkohle,

---

[1] Vgl. Lux, Das moderne Beleuchtungswesen (ANuG Bd. 433); Mayer, Heizung und Lüftung (ANuG Bd. 241).

dem Koks und besten Anthrazit haben wir es fast mit reiner Kohle zu tun. Diese verbrennen darum fast rauchlos und hinterlassen alsdann Asche, wie alle Brennmaterialien vegetabilischer Abstammung. Der Wasserstoff wird zu Wasser und der Schwefel zu schwefliger Säure verbrannt. Ein regelmäßiger Bestandteil ist der Schwefel in den Steinkohlen und im Leuchtgas. Die beim Verbrennen der Steinkohlen durch die Kamine in die Luft übertretende schweflige Säure, die allmählich in Schwefelsäure übergeht, zeigt namentlich in Städten mit viel Industrie ihre schädigende Wirkung, indem sie das Mauerwerk angreift und brüchig macht. Die geringe Menge schwefliger Säure, die beim Verbrennen des Leuchtgases, in dem sich der Schwefel in organischer Bindung vorfindet, in die Zimmerluft gelangt, ist für uns zwar nicht schädlich, aber auf ihre Anwesenheit führt man das Nichtgedeihen der Pflanzen zurück, die in Räumen mit Gasbeleuchtung gezogen werden.

Wie wir bei dem Kohlenstoff (S. 22) gesehen haben, verbrennt dieser zu Kohlensäure. Der Prozeß verläuft nach der Gleichung: C (Kohle) $+ 2O = CO_2$. Aber der Kohlenstoff kann bei ungenügendem Luftzutritt, wenn z. B. die zunächst entstandene Kohlensäure gezwungen ist, durch eine tiefe Schicht glühender Kohlen zu streichen, auch unvollständig verbrennen, indem als Produkt das **Kohlenoxyd**, ein farb- und geruchloses giftiges Gas, entsteht, das mit blaßblauer Flamme zu Kohlensäure verbrennt: CO_2 (Kohlensäure) $+ C = 2CO$ (Kohlenoxyd). In den Zimmeröfen mit Anthrazit- oder Koksheizung sieht man die blauen Kohlenoxydflämmchen aus der Glut herauszüngeln. Für gewöhnlich kommen Kohlensäure und Kohlenoxyd in unseren Wohnräumen beim Heizen und Beleuchten nicht weiter zur Geltung; sie entweichen durch den Schornstein, und die Kohlensäure aus unseren Lampen wird durch die nie fehlende Ventilation in hinreichendem Maße nach außen weggeführt. Früher dagegen, als die Öfen noch mit Abzugsröhren versehen waren, an denen sich Ofenklappen befanden, die sich ganz schließen ließen, und mit denen die Verbrennung reguliert wurde, war die Gefahr einer Kohlenoxydvergiftung leicht gegeben, wenn absichtlich oder zufällig die Ofenklappe geschlossen wurde. Dann konnte die Kohlensäure durch den Kamin nicht entweichen, sondern wirkte auf die glühenden Kohlen unter Kohlenoxydbildung wieder zurück. Aber auch einer Unsitte muß hier Erwähnung geschehen, der man noch oft genug begegnet. Es ist das Anzünden der

IV. Die Chemie in der Wohnung. 1. Heizung und Beleuchtung

Ofen mit glühenden Kohlen und das Ausnehmen der Ofen mit teilweise noch glühendem Inhalt. Einerseits wird dadurch der Zimmerluft Kohlenoxyd zugeführt, so daß wieder längere Zeit gelüftet werden muß, anderseits entsteht bei derartigen Manipulationen eine unnötige Feuersgefahr.

Die **Entzündungstemperatur** liegt bei den verschiedenen Brennmaterialien verschieden hoch; niedriger als die Entzündungstemperatur liegt der **Entflammungspunkt**, bei dem der Brennstoff brennbare Dämpfe abgibt. Am höchsten liegt dieser Punkt bei der Kohle und dem Öl, niedriger bei dem Petroleum und am niedrigsten bei dem Spiritus. Das sehen wir schon daraus, daß ein brennendes Streichhölzchen genügt, den Spiritus und das Petroleum in Brand zu setzen. Für die Entzündung der Kohle ist dagegen eine größere Holzmenge und reichlicher Luftzutritt nötig. Fett und Öle brennen an einem Streichholz erst, wenn sie sich wie im Docht in dünnen Schichten befinden. Ist der Docht neu, so dauert es stets einige Zeit, bis der Brennstoff gasförmige Zersetzungsprodukte, die entflammen, abgibt und der Entzündungspunkt erreicht wird. Der gebrannte, schon mit Zersetzungsprodukten durchtränkte Docht brennt dagegen leichter. Aus der verschiedenen Leichtigkeit, mit der die Brennmaterialien brennbare Gase abgeben, ergibt sich für die Bedienung der Öfen und Lampen die Regel, daß man wohl ein brennendes Nachtlicht mit Rüböl nachfüllen darf, wie einen brennenden Ofen mit Kohlen, niemals aber eine brennende Spiritus- oder Petroleumlampe. Denn hier befinden sich im Behälter erwärmte Dämpfe, die sich entzünden und die weitere Entzündung des Inhalts des Vorratsgefäßes zur Folge haben. Ebenso ist das Anzünden mit Petroleum durch Eingießen in den schlecht brennenden Ofen höchst gefährlich. Es entwickeln sich Petroleumdämpfe, welche nicht nur brennen, sondern mit der Luft explodierende Gemenge bilden, die sich mit einer aus dem Ofen herausschießenden starken Flamme, durch welche alles in Brand gesetzt wird, was brennbar und erreichbar ist, entzünden. Überhaupt können durch alle brennbaren Gase oder Dämpfe, wenn sie mit genügenden Mengen Luft vermischt sind, **Explosionen** hervorgerufen werden. Die bekanntesten Fälle, durch welche schon viel Unglück entstand, sind die Leuchtgasexplosionen. Solche kommen vor, wenn in der Luft mehr als 7% Leuchtgas enthalten sind; am stärksten ist die Explosion bei 17%. Azetylenexplosionen beginnen bereits bei einem Gehalt von 4% und sind am stärksten bei einem Gehalt von 12%.

Entzündungstemperatur. Explosionen. Glühlicht

Ob ein Material besser oder schlechter als ein anderes ist, erkennt man bei den Brennstoffen an dem **Heizwert**, bei den Leuchtstoffen an der **Leuchtkraft**; bei Stoffen, welche wie das Leuchtgas zu Heiz- und Lichtzwecken benutzt werden, bestimmt man den Heizwert und die Leuchtkraft. Die Apparate sind das Kalorimeter bzw. das Photometer und die Einheit die Kalorie bzw. die Normalkerze. Es beträgt der Heizwert von reinem Kohlenstoff ungefähr 8000, Anthrazit 7800, gewöhnlicher Steinkohle je nach Herkunft 6000—7500, Koks 7200—7300, Petroleum 11000, Weingeist 7200, Leuchtgas 5500 Kalorien.

Eine neuere und jetzt fast allgemein eingeführte Verwendungsart des Leuchtgases zu Beleuchtungszwecken ist die im **Glühlicht**. In diesem wird durch eine besondere Einrichtung des Brenners das Gas vollständig verbrannt, so daß die Flamme an und für sich nichtleuchtend ist. Sie wird erst dadurch leuchtend gemacht, daß man in sie in bekannter Weise das Skelett eines Glühstrumpfes bringt, in welchem die Oxyde des Thoriums und Zers in dem Verhältnis 99 : 1 gemischt sind. Eine solche Mischung liefert das einzige brauchbare Material zur Herstellung der Gasglühlichtkörper.

Zum Feuermachen bedienen wir uns der bekannten Holzstäbchen, die mit dem präparierten Kopf entweder an einer beliebigen oder bestimmten rauhen Fläche vorbeigestrichen werden, worauf sie sich infolge der dadurch stattfindenden lokalen Temperatursteigerung entzünden. Wegen der Art des Gebrauchs nennt man diese Holzstäbchen bekanntlich Streichhölzchen. Bei den sog. schwedischen Zündhölzern besteht die Zündmasse im wesentlichen aus einem vor etwa hundert Jahren zu anderen Zwecken zur Anwendung gekommenen Gemisch aus chlorsaurem Kalium als Sauerstoff abgebendem und Schwefelantimon als brennbarem Bestandteil. Durch einen Klebstoff ist die Zündmasse zusammengehalten und auf das Holz aufgetragen. Eine Übertragungsmasse aus Paraffin, in das die Hölzchen am untern Ende eingetaucht sind, ist dazu bestimmt, nach ihrer durch die Zündmasse bewirkten Entzündung diejenige Wärme zu erzeugen, die den Holzstab in Brand setzen kann. Außer der Zündmasse ist das Wesentliche des Ganzen die besondere Reibfläche, welche roten Phosphor, Schwefelantimon und Braunstein enthält, die gleichfalls durch einen Klebstoff aufgetragen sind. Der Chemismus ist folgender. Beim Anreiben des Zündhölzchens an der Reibfläche werden von dieser Partikel losgerissen und auf die Zündmasse übertragen, die sich darauf infolge der durch die Reibung entstandenen Erwärmung entzündet. — Zum Anzünden des Leuchtgases bedient man sich heutzutage vielfach einer sehr einfachen Einrichtung, die darin besteht, daß man über das Gas ein kleines Stückchen Platinschwamm hält, welches in den sog. Selbstzündern angebracht ist. Es hat die Eigenschaft, den Sauerstoff der Luft auf seiner Oberfläche zu verdichten und ihn an den Wasserstoff des Leuchtgases unter energischer Oxydation desselben und unter Erglühen wieder abzugeben. An dem glühenden Platin entzündet sich dann das Leuchtgas. Das Platin erleidet hierbei keine Veränderung, es wirkt nur durch seine Gegenwart als Katalysator. Die erste praktische Anwendung in ähnlicher Art hatte der Platinschwamm schon 1824 in der Döbereinerschen Zündmaschine gefunden, die durch die Streichhölzer außer Gebrauch kam.

Das Feuerlöschen ist oft die Forderung einer Gefahr. Hierzu bieten sich verschiedene Wege. Der erste Weg, an den man in der Regel auch zuerst, zwar ganz unbewußt, denkt, ist der, die auftretende Wärme in einer Weise zu verbrauchen, daß die Temperatur unter die Entzündungstemperatur des Brennstoffs sinkt. Man erreicht dieses durch die uralte Methode des Löschens mit Wasser, welches die Wärme zu seiner Verdunstung verbraucht. Aber es ist doch hierbei ein Punkt zu berücksichtigen. Denn das Wasser zerfällt schon bei einer Temperatur von 1000^0 zum Teil, vollständig bei 2500^0 in seine Bestandteile Sauerstoff und Wasserstoff, und da bei großen Bränden wohl Temperaturen von 2000^0 erreicht werden können, ist die Möglichkeit eines solchen Zerfalls gegeben. Dadurch wird der brennenden Masse noch ein neues brennbares Gas in dem Wasserstoff zugeführt. Anderseits reagiert bei sehr hohen Temperaturen Wasserdampf mit glühenden Kohlen so, daß Wasserstoff und Kohlenoxyd nach der Gleichung entstehen: Wasserdampf (H_2O) + Kohle (C) = 2 Wasserstoff (2H) + Kohlenoxyd (CO). Infolgedessen werden in dem Wasserstoff und Kohlenoxyd der brennenden Masse zwei brennende Gase zugeführt. Um diese Prozesse zu vermeiden, ist es bei jeder Berufsfeuerwehr Regel, niemals in ein großes Feuermeer das Wasser zu spritzen, sondern sich nur darauf zu beschränken, vom Rande her das Feuer einzudämmen. In das Feuer darf das Wasser nur dann eingespritzt werden, wenn man es damit, wie der technische Ausdruck lautet, ersäufen kann.

— Der zweite Weg des Feuerlöschens ist, die Luftzufuhr abzuschneiden. Es geschieht dieses durch Überdecken mit Tüchern und Decken oder

Feuermachen. Feuerlöschen. Brennmaterial. Kohlen

durch Überschichten mit Sand. Diese Art ist stets da angebracht, wo das Brennmaterial sich nicht mit Wasser mischt und der Feuerherd nicht sehr klein ist. Brände, welche durch Petroleum z. B. entstanden sind, wird man stets in der letzteren Art zu löschen haben.

Den als **Brennmaterial** dienenden Kohlenstoff liefern die Kohlen.[1]) Diese sind die Reste ehemaliger Pflanzen, die nach ihrem Absterben unter Luftabschluß und unter dem Drucke überliegender Gesteins= massen und dem Einfluß der Erdwärme einem Versteinerungspro= zesse unterlagen, wobei Wasser und ein Teil des Kohlenstoffs in Form von Kohlensäure und Sumpfgas abgespalten wurde. Der Prozeß er= folgte außerordentlich langsam, und auch in den Kohlengruben kann man ihn für noch nicht beendet ansehen. Das Endprodukt des Ver= kohlungsprozesses, der wirkliche Stein, ist der Graphit, der, abgesehen von seinen mineralischen Verunreinigungen, reiner Kohlenstoff ist, aber als Brennmaterial nicht in Betracht kommt. Dann folgen Anthra= zit, der nebenbei nur noch ganz geringe Mengen Wasserstoff enthält und brauchbare Kohle ist, Steinkohle, Braunkohle und Torf. Diese drei letzteren kann man als Kohlenstoff schon nicht mehr betrachten; sie sind vielmehr sehr kohlenstoffreiche Umwandlungsprodukte des ehe= maligen Pflanzenleibes, die in hervorragenden Mengen noch jene anderen Elemente, aus denen sich der Pflanzenkörper aufbaute, in Bindung besitzen. Als Material, aus dem die Kohlen hervorgegangen sind, gelten bei Anthrazit und Steinkohlen Gefäßkryptogamen wie baumartige Farne von gigantischer Größe, bei den Braunkohlen und dem Torf Laub= und Nadelhölzer und niedere Pflanzen. — Magere Kohlen nennt man solche, die beim Erhitzen wenig brennbare Gase abgeben, fette Kohlen solche mit den entgegengesetzten Eigenschaften. — Eine der Steinkohle nahestehende Kohle ist die Gagatkohle oder Jett, die politurfähig ist und sich auf der Drehbank verarbeiten läßt. Sie dient zur Fabrikation von schwarzem Schmuck.

Alle Kohlen entwickeln bei der trocknen Destillation brennbare Gase und Ammoniak und liefern als Destillat den sog. Teer. Der ver= bleibende Rückstand heißt Koks. Derselbe ist nahezu reiner Kohlen= stoff, und bei seiner Verbrennung wird eine sehr hohe Temperatur er= zeugt.

Die Verkohlung des Holzes wird in waldreichen Gegenden ge= wöhnlich in sog. „Meilern" vorgenommen. Diese sind kreisrund an=

---
1) Vgl. Kukuk, Kohlen (ANuG Bd. 396).

gelegte, mit Erde und Rasen bedeckte, aus Holzscheiten geformte Anhäufungen. Der Luftzutritt wird so geregelt, daß nur eine Verkohlung des Holzes stattfinden kann. — Wird die Verkohlung des Holzes in Retorten vorgenommen, so erhält man als Nebenprodukte ähnliche organische Verbindungen wie aus Steinkohle, außerdem Holzessig, aber kein Ammoniak.

Petroleum (Erdöl) wird namentlich in Amerika und im Kaukasus, weniger an anderen Orten, als Naturprodukt gewonnen. Aus dem Rohöl werden durch Destillation als besondere Anteile der Petroläther, das Benzin, das Brennpetroleum, die Schmieröle u. a. abgeschieden. Das gelbe (Natur=)Vaselin ist kein Destillationsprodukt. Es wird vielmehr aus dem nach der Destillation des Petroleums verbleibenden Rückstand durch ein unmittelbares Reinigungsverfahren erhalten. Ersatzmittel für dieses Naturvaselin, das eine Salbengrundlage ist, sind die Kunstvaseline, welche durch Verschmelzen von Hartparaffin mit Paraffinöl dargestellt werden. Die chemische Reinigung aller dieser Produkte geschieht durch Behandlung mit Schwefelsäure und Natronlauge. Die erstere zerstört Brandharze, Farb= und Riechstoffe, letztere bindet die Säuren.

Nach der kaiserlichen Verordnung vom 24. Februar 1882 darf das gewerbsmäßig verkaufte Leuchtpetroleum keinen Entflammungspunkt unter 21°, bezogen auf einen Barometerstand von 760 mm, zeigen, d. h. es darf erst bei 21° brennbare Dämpfe abgeben, ohne daß es sich selbst entzündet. Das Automobilbenzin hat ein spezifisches Gewicht von 0,700—0,722 und entspricht demjenigen Petroleumanteile, welcher bei etwa 120—125° beim Destillieren übergeht. — Festes Petroleum ist ein in ähnlicher Weise wie Hartspiritus aus Petroleum, Kernseife und Stearin bereiteter sog. Opodeldok oder Saponiment.

Die aus den Fetten freigemachten Säuren liefern das Material zur **Stearinkerzenfabrikation.** Aus den Seifen lassen sich die Säuren durch Zusatz einer Mineralsäure (z. B. Schwefelsäure) abscheiden. Für die technische Gewinnung würde das aber unpraktisch sein; in der Praxis wird die Verseifung so ausgeführt, daß es zu keiner Seifenbildung kommt, sondern nur zur Bildung der freien Säuren. Zur Verseifung werden Rinder= und Hammeltalg, Palmöl und andere tierische und pflanzliche Fette genommen, in denen die Menge der gebundenen Ölsäure ganz gering ist gegen die Menge der gebundenen Stearinsäure und Palmitinsäure. Das erhaltene Säuregemisch führt den Namen **Stearin,** mitunter erhält dieses noch einen Zusatz von Paraffin oder

Karnaubawachs. Beim Brennen der Kerzen beobachten wir, daß sich der Docht zur Seite krümmt und im äußeren Rande der Flamme mitverbrennt. Es ist dieses eine Folge der Spannung der Dochtfäden in den geflochtenen Dochten. Diese Spannung sehen wir in den gedrehten Dochten (Talgkerzen) nicht, infolgedessen diese nicht mitverbrennen, sondern immer abgeschnitten werden müssen.

Das zur Kerzenfabrikation und zu anderen Zwecken benutzte Paraffin wird teilweise als Petroleumprodukt gewonnen. Es entsteht ferner in nicht unerheblicher Menge durch Destillation des Torfs und der Braunkohle und findet sich fertig gebildet in Erdwachsarten (dem Ozokerit, Neftigil) vor. Das aus dem Ozokerit durch Reinigung mit Schwefelsäure gewonnene Paraffin führt den Handelsnamen Zeresin.

Unter Leuchtgas im allgemeinen verstehen wir ein durch trockene Destillation von kohlenstoffreichen organischen Stoffen erhaltenes Gasgemenge, das die Eigenschaft besitzt, angezündet mit hellleuchtender Flamme zu brennen. Zur Leuchtgasbereitung dienen folgende Materialien: Steinkohlen, Holz, Fichtenharz, Petroleumrückstände und andere kohlenstoffreiche Produkte. Das aus rheinischer und schlesischer Backkohle bereitete Leuchtgas enthält etwa 37,0% Methan, 46,0% Wasserstoff, 11,0% Kohlenoxyd, 2,0% Äthylen, ferner Propylen, Azetylen, Benzol- und Naphthalindampf und einige andere nicht brennbare Gase (Stickstoff usw.). Die drei ersten bedingen die hohe Temperatur der Gasflamme und verbrennen mit nicht leuchtender Flamme, die anderen erteilen der Flamme die Leuchtkraft, da sie beim Verbrennen unter Abspaltung von Kohlenstoff zerfallen. Ihre Menge beträgt wenigstens 4—5%. Das Kohlenoxydgas bildet denjenigen Gasbestandteil, der beim Einatmen die Vergiftung hervorruft

Das Azetylengas dient bekanntlich seit neuerer Zeit für Beleuchtungszwecke. Benutzt man Brenner mit enger Öffnung und einem geeigneten Druck, so verbrennt es bei einem Verbrauch von 140 Litern in der Stunde mit ruhiger, kleiner, aber stark leuchtender Flamme, die eine 15 mal größere Leuchtkraft besitzt als diejenige des gewöhnlichen Leuchtgases. Das Azetylen ist ein farbloses, unangenehm riechendes und darum leicht zu erkennendes Gas; es wird durch Zersetzung von Kalziumkarbid (Kohlenstoffkalzium) mit Wasser erhalten: CaC_2 (Kalziumkarbid) $+ 2H_2O$ (Wasser) $= Ca(OH)_2$ (Kalkhydrat) $+ C_2H_2$ (Azetylen). Azetylen bildet sich auch durch trockene Destillation der Steinkohlen, des Holzes usw. Daher sein Vorkommen im Leuchtgas.

Nun noch einige Worte über **feuergefährliche Stoffe.** Feuergefährlich ist schließlich alles, was verbrennen kann, wenn damit dem unnötigen Umsichgreifen des Feuers Vorschub geleistet wird. Feuergefährlich ist darum Holz, Stroh und Papier. Im engeren Sinne nennt man feuergefährliche Stoffe solche, welche leichtentzündliche Dämpfe abgeben (Benzin, Äther, Schwefelkohlenstoff), oder aus denen sich solche Dämpfe beim Zusammentreten mit anderen Stoffen entwickeln lassen (Kalziumkarbid), oder die an der Luft ohne weiteres Zutun Feuer fangen können. Auf weitere Definitionen, wie sie die Verkehrsvorschriften über den Versand feuergefährlicher Stoffe geben, brauchen wir hier nicht einzugehen. Bei der Benutzung des Benzins und ähnlicher Stoffe muß als Regel gelten, daß man bei offenem Lichte niemals mit ihnen umgeht. Ihre mit Luft gemischten Dämpfe führen zu den gleichen Explosionen, wie sie vom Petroleum geschildert worden sind (S. 100). Zu den Stoffen der dritten Kategorie, den sog. **Pyrophoren,** können Putztücher gehören, die zum Verreiben von Öl, Firnis und ähnlichen Anstrichmittel verwendet wurden. Eine Selbstentzündung dieser beim Aufbewahren ist schon möglich.

2. Die Desinfektionsmethoden.

Was man unter Desinfektion versteht, ist S. 87 gesagt. Desinfizierend wirkt schon fortwährend die Natur. Ein altes Sprichwort sagt: „Wo die Sonne nicht hinkommt, dorthin kommt der Arzt." Den Sonnenstrahlen in gleichzeitigem Zusammenwirken mit Feuchtigkeit kommt eine sehr große desinfizierende Kraft zu, was wir schon aus den Vorgängen bei der Rasenbleiche erraten können, und bei der Selbstreinigung der Flüsse ist ein Teil des Effektes gleichfalls den Sonnenstrahlen zuzuschreiben. Der Verbreitung lebender Keime wirken in der Natur außerdem noch andere Arten der Entziehung geeigneter Lebensbedingungen entgegen. Daher kommt es z. B., daß im Boden fast alle pathogenen Bakterien über kurz oder lang ihre Lebenstätigkeit aufgeben. Dann greifen wir noch selbst zu, fortwährend an uns und um uns Krankheitskeime zu beseitigen, mitunter zwar ganz unbewußt. Die Zimmer werden gelüftet, der Staub weggekehrt und die Fußböden aufgewaschen. Wir baden uns, und es müßte schon ein Verwilderter sein, wenn er sich nicht täglich waschen würde. Das verlangen Ordnung und Reinlichkeit, die beide wir von Kindheit an als die Grundsätze unserer Gesundheit angelernt bekom-

Feuergefährliche Stoffe. Desinfektionsmittel

men haben. Zwar werden durch Kehren und Aufwaschen die Keime nicht getötet, sondern nur an einen andern Ort transportiert, aber in der Seife haben wir doch ein Mittel von so vorzüglich desinfizierender Wirkung, daß wir immer zu ihr greifen müssen, wenn wir mit Krankheitskeimen oder verdächtigen Stoffen in Berührung kamen. So wird unter normalen Zeit- und Lebensumständen einem Überhandnehmen lebender Keime in der verschiedenartigsten Weise vorgebeugt.

Mit allen diesen Mitteln würden wir aber unter nicht normalen Verhältnissen nicht auskommen. Hier sind wir auf eine künstliche Desinfektion angewiesen, deren verschiedene Arten eine genügende Auswahl gestatten. Heute können wir alles mögliche desinfizieren (Instrumente, Möbel, Kleider, Betten, Wäsche, Bücher, Briefe usw.), ohne daß diese Gegenstände irgendwelchen Schaden leiden.

Unter allen Krankheitskeimen sind die widerstandsfähigsten die Dauerformen des Milzbrandbazillus. Diese dienen darum zur Prüfung, ob irgendeine Substanz oder ein Verfahren für eine brauchbare Desinfektion geeignet ist. Von einem Desinfektionsmittel verlangt man ferner, daß es leicht zu beschaffen und im Preise nicht teuer ist; ein Überschuß von ihm soll ferner leicht zu beseitigen und das Mittel möglichst ungiftig sein. Diesen letzteren Anforderungen entsprechen die chemischen Desinfektionsmittel in der Regel nicht. Gerade das wirksamste Desinfektionsmittel, das in einer Lösung 1 : 1000 alle Keime in wenigen Minuten tötet, der Sublimat, ist eine äußerst giftige Substanz.

Bei der Desinfektion im Hause kommen wohl nur die menschlichen Sekrete und Exkrete, Kleidungsstücke und die Wohnräume in Betracht. Da es so gut wie unmöglich ist, ganze Abortgruben und die Kanäle zu desinfizieren, so werden die Abfallstoffe direkt desinfiziert entweder dadurch, daß man ihre Ablagerung in einer desinfizierten wässerigen Schicht erfolgen läßt, oder sie sogleich mit dem Desinfektionsmittel übergießt. Als solche Mittel dienen die Karbolsäure, das Lysol, welches durch Kochen von Teerölen, Fett und Harzen mit Alkalilauge erhalten wird, das Kreolin, ein ähnliches Fabrikat, und mehrere andere ebenfalls ähnliche Lösungen von Kresolen in Seifenlösungen, wie die Kresolseifenlösung des Deutschen Arzneibuches. Derartige Seifenlösungen vereinigen in sich die desinfizierende Kraft der Seife und der Kresole, die in der Seife ein besseres Lösungsmittel als im Wasser haben. — Für die Desinfektion von Abortgruben kommen Eisenvitriol, gelöschter Kalk, rohe Karbolsäure und Chlorkalk in Betracht. Das erstgenannte Mittel macht den Inhalt sauer, das zweite alkalisch.

Für Wäsche ist ein gutes Desinfektionsmittel die Schmierseife, von der eine Lösung 1 : 1000 geeignet ist, das Wachstum des Milzbrandbazillus zu hemmen, und die Soda, von der eine Lösung 1,5 : 100 bei einer Temperatur von 80—85° in 10—15 Minuten die Milzbrandsporen tötet. Kommt dann am Schlusse noch das Plätten mit dem heißen Bügeleisen, dann kann man so ziemlich sicher sein, daß die Wäsche keimfrei ist.

Zur Desinfektion von Wohnräumen, Möbeln, Betten und Kleidungsstücken hat man ein ausgezeichnetes Mittel in dem gasförmigen Formaldehyd, dessen Lösungen unter dem Namen Formalin oder Formol bekannt sind. Eine besondere Art des Formaldehyds ist der Paraformaldehyd, eine feste Substanz, aus der man zu Desinfektionszwecken Pastillen bereitet, die beim Erhitzen Formaldehydgas abgeben. Der Formaldehyd wirkt nur desinfizierend bei Gegenwart von Wasserdampf; letzterer muß in der Menge zugegen sein, daß der zu desinfizierende Raum damit gesättigt ist. Ein Übersättigen mit Wasserdampf ist unzweckmäßig. Durch die Formaldehyddesinfektion sind die früheren Methoden der Desinfektion mit Chlor, Chlorkalk und schwefliger Säure, unter der manche Gegenstände (Metalle, Stoffe) litten, ganz in den Hintergrund getreten.

Für unsere Betrachtungen bleibt noch zu erwähnen, daß die desinfizierende Kraft der chemischen Mittel durch gewisse Zusätze verstärkt oder vermindert werden kann. So hat man gefunden, daß eine Karbolsäurelösung, der man Kochsalz zugegeben hatte, Milzbrandsporen tötete, während die Wirkung der Karbollösung allein schwach oder gleich Null war. Auch wird die Wirkung der Sublimatlösung durch Zusatz von größeren Mengen Kochsalz beeinflußt. Aber diese Lösung wirkt geringer desinfizierend. Ferner kann das Lösungsmittel von Einfluß sein. So hebt Öl als Lösungsmittel die desinfizierende Kraft auf, und alkoholische Karbolsäurelösungen wirken schwächer als wässerige. Als Regel folgt für uns daraus, daß die Desinfektionsmittel genau so angewandt werden sollen, wie die jedesmalige Vorschrift lautet. Für alle Desinfektionsmittel gilt das Wasser als Lösungsmittel.

Als man in der Bakteriologie noch nicht die Grundlage für die Desinfektionsforschung besaß, bediente man sich zur „Geruchsverbesserung", in der man alles Heil erblickte, der Räucherung mit aromatischen Substanzen. Die üblichsten Mittel waren die mit Kohle bereiteten schwarzen und die mit Sandelholzpulver bereiteten roten Räucherkerzchen, die man anzündete, das aus Blüten oder gefärbten und aromatisierten Buchenspänen gemischte Räucherpulver, das man auf den brennenden Ofen streute, Räuchertäfelchen und Räucherpapier. Weihrauch, Storax, Perubalsam, Benzoe, Kumarin, Moschus und viele andere aromatische Substanzen spielten bei der Zubereitung solcher Räuchermittel eine Rolle. Einen Desinfektionswert kann man ihnen wohl kaum zusprechen. Darum sind diese Stoffe heute wenigstens für diese Zwecke vielleicht gar nicht mehr oder höchstens nur sehr wenig gefordert. Bei ihrer Benutzung täuschte man sich nur selbst, indem man den zu beseitigenden Geruch durch einen anderen übertäubte. Eine desinfizierende Wirkung kann man aber den ätherischen (flüchtigen) Ölen zuschreiben, die einen Bestandteil der Mundwässer, Zahnpulver und Zahnpasten immer gebildet haben. Ein wohl nie fehlender Bestandteil ist hier das Pfefferminzöl, dessen Aromaträger, Menthol, eine größere desinfizierende Kraft zukommt. Die modernen Mittel zur Pflege der Zähne und der Mundhöhle enthalten außer wohlriechenden Zutaten spezifisch desinfizierende Stoffe, und zwar häufig Thymol und Salol, und die Zahnpulver und die mehr in Aufnahme gekommenen Zahnpasten außerdem chlorsaures Kalium und Seife.

V. Die Chemie in der Kleidung.
1. Waschen und Bleichen.

Die Reinigung unseres Körpers und unserer Wäsche bewirken wir unter Benutzung von Wasser und Seife. Die dabei stets auffallende Erscheinung ist die Schaumbildung. Aber ebensowenig wie es einerlei ist, ob die Seife gut oder schlecht ist, ebensowenig ist die Beschaffenheit des Wassers nebensächlich. Die Erfahrung hat schon lange gelehrt, daß Regenwasser ein gutes, Brunnenwasser ein weniger gutes oder gar schlechtes Wasser zum Waschen ist. Chemisch betrachtet liegt der Grund darin, daß das Regenwasser ein weiches, das Brunnenwasser ein mehr oder weniger hartes Wasser ist. Setzt man zu einer Seifenlösung hartes Wasser, das wir nach unseren früheren Betrachtungen als eine verdünnte Lösung eines Kalzium- und Magnesiumsalzes auffassen dürfen, so entsteht eine Ausscheidung einer Kalk- und

Magnesiaseife, und Schaum entsteht erst, wenn die Kalzium- und Magnesiumsalze als Seifen vollständig ausgeschieden sind. Das bedingt praktisch einen mitunter beträchtlichen Verlust an Seife; denn die abgeschiedenen unlöslichen Seifen haben für den Reinigungsprozeß keinen Wert. Um diesem Nachteil zu entgehen, zieht man weiches Wasser vor, oder man setzt dem Wasser etwas Soda zu, infolgedessen sich die unlöslichen kohlensauren Salze des Kalziums und Magnesiums bilden, welche auf Seife nicht einwirken.

Der **Wert einer Seife** richtet sich nach ihrem Gehalt an gebundener Fettsäure. Derselbe soll bei einer Prima-Kernseife wenigstens 60% betragen. Die besten Seifen sind die neutralen oder schwachsauren Seifen, welche auf der Haut das Gefühl zurücklassen, als ob dieselbe mit einer geringen Menge Glyzerin oder Fett eingerieben sei, während die alkalischen Seifen das Gefühl der Anwendung von Natronlauge verursachen. Durch Wasser werden die Seifen in basische und saure Seifen zerlegt. Die Wirkung der Seifen beim Waschen beruht darauf, daß die entstandenen basischen Seifen die Unreinigkeiten, indem sie sie benetzbar machen, einhüllen und unter Mitwirkung des Schaumes wegnehmen. Der Effekt wird durch Zugabe von Soda, Ammoniumsalzen und freiem Ammoniak, die lockernd auf den Schmutz einwirken, wesentlich erhöht. Wie der Seife kommt eine reinigende Wirkung, aber in weit geringerem Grade, anderen schwach alkalisch reagierenden und schäumenden Substanzen zu. Zur ersteren Kategorie gehören Borax (s. d.) und das Wasserglas (s. d.), zu den schäumenden Substanzen die Galle und die Saponine, wie sie in der Quillajarinde (Panamaholz) und der Seifenwurzel, die bei uns gebräuchlich sind, auftreten. Von diesen Pflanzenteilen bereitet man sich wässerige Auszüge. Beliebte Zusätze zur Seife bei der Wäsche sind Terpentinöl und Petroleum. Ihre Wirkung dürfte darauf beruhen, daß sie in der feineren Verteilung (Emulsion), in die sie durch die Seife gebracht werden, lösend auf den Schmutz einwirken.

Unter **Seifenpulvern** zum Wäschewaschen versteht man in der Regel ein Gemisch von gepulverter Natronseife und Soda. Manche derartiger Seifenpulver enthalten noch Streckungsmittel, namentlich Wasserglas, andere außerdem Zusätze von bleichend wirkenden Stoffen, insbesondere Natriumperborat. Das bekannteste dieser bleichenden Waschmittel ist das **Persil**. Gegen die bleichenden Seifenpulver ohne Unterschied sind viele Bedenken ausgesprochen worden einerseits wegen des bleichend wirkenden Bestandteils, der zerstörend auf die Gespinstfaser wirken könnte, und anderseits wegen des Ge-

Seife. Naturbleiche. Kunstbleiche

halts an Wasserglas. Letzteres soll die Faser mit Kieselsäurekristallen inkrustieren und brüchig machen. Diese vielumstrittene Frage müssen wir unentschieden lassen. Gegen die Schädigung durch den bleichend wirkenden Anteil schützt man sich so gut, wie es geht, dadurch, daß man das Waschmittel nur in gelöstem Zustande der Wäsche zusetzt, wodurch alle ungelösten Partikelchen vermieden werden.

Die saponinhaltigen Waschmittel, z. B. Panamaholz, hält man vielfach in mancher Beziehung für den Seifen überlegen. Namentlich farbenschöne und zarte Stoffe vertraut man vielfach der Seifenbehandlung nicht gern an. Man hat dabei die Vorstellung, daß die Seife chemisch auf die Substanz der Faser und der Farbe einwirke. Für schlechte Seifen mag das richtig sein. Bei milden guten Seifen aber, die sich als solche durch das Gefühl auf der Haut (s. o.) erkennen lassen und dort, wo man das Waschen diffiziler Stoffe als eine Kunst betrachtet, da wird man vor der Seife kaum zurückschrecken, namentlich wenn man sich noch besonders durch einen Waschversuch an einer nicht sichtbaren Stelle des Stoffs vergewissert hat, daß die Seife nichts schadet.

Die **Seifenersatzstoffe,** von denen in der vorigen Auflage noch die Rede war, gehören der Vergangenheit an.

Um den ungefärbten Geweben das Weiße zu geben, das sie durch die Seifenbehandlung allein nicht erhalten, werden sie gebleicht. Wir unterscheiden zwischen der **Naturbleiche** und der **Kunstbleiche.** Bei der ersteren werden die Gewebstoffe auf Rasenplätzen unter wiederholtem Begießen mit Wasser dem Sonnenlichte ausgesetzt. An diesem Bleichprozeß sind mehrere Faktoren beteiligt, die gemeinschaftlich wirken: Ozon, Wasserstoffsuperoxyd und Licht. Die Gegenwart des letzteren ist unbedingt erforderlich. Wie wir bei Besprechung des Ozons gesehen haben, ist dasselbe stets da vorhanden, wo Wasser verdunstet. Die Bedingungen für seine Bildung sind durch das Begießen der Wäsche also dauernd vorhanden. Das **Wasserstoffsuperoxyd** H_2O_2 (Wasserstoffperoxyd, Hydroperoxyd) findet sich stets fertig gebildet in der Luft und in den atmosphärischen Niederschlägen; es besteht wie das Wasser aus einer Verbindung von Sauerstoff und Wasserstoff, jedoch ist das Verhältnis beider ein anderes, und zwar 1 (Wasserstoff) : 8 (Sauerstoff) im Wasser und 1 (Wasserstoff) : 16 (Sauerstoff) im Wasserstoffsuperoxyd. Durch diesen Sauerstoffreichtum und durch die Fähigkeit, den Sauerstoff abzugeben und in Wasser überzugehen, wird das Wasserstoffsuperoxyd zu einem sehr guten Oxydationsmittel, d. h. zu einem sauerstoffübertragenden Mittel. Es wird technisch dargestellt. Direktes Sonnenlicht wirkt allein schon bleichend, ohne daß ein Oxydationsmittel zugegen ist, nur ist der Vorgang ein sehr langsamer. — Infolge der langen Zeitdauer, welche die Gewebe bei ihrem ersten

Bleichen erfordern, und der dadurch entstehenden Kosten ist man in den Webereien schon lange zur Kunstbleiche übergegangen, bei welcher kräftigere Oxydationsmittel angewandt werden, die innerhalb kürzerer Zeit wirken. Das älteste und bekannteste Mittel ist der Chlorkalk, der so heißt, weil er durch Einwirkung des Chlors, eines energisch wirkenden Elements, auf gelöschten Kalk dergestellt wird. Chemisch können wir den Chlorkalk für unsere Betrachtungen als unterchlorigsaures Kalzium $Ca(ClO)_2$ auffassen; dasselbe gibt Sauerstoff bei der Bleicherei ab und geht in Chlorkalzium ($CaCl_2$), eine ganz unschädliche Verbindung, über. Das Wesentliche bei der Chlorkalkbleiche ist nun, den Chlorkalk, der nur in Lösung angewendet wird, nicht länger mit den Geweben in Berührung zu lassen, als das Bleichen der Stoffe verlangt. Im Fabrikbetriebe wird darum der überschüssige Chlorkalk, sobald die Stoffe gebleicht sind, durch unterschwefligsaures Natrium, sog. Antichlor, unschädlich gemacht. Die ausgedehnte Benutzung des Chlorkalks in der Bleicherei zeigt, daß seiner Verwendung bei einer sachverständigen Behandlung der Wäsche keine Bedenken entgegenstehen. Bei der Hauswäsche, bei der man kein Antichlor kennt, und bei der die Waschfrauen den Chlorkalk mitunter sogar in Klümpchenform zusetzen, äußert sich die schädigende Wirkung des Chlorkalks durch die Zerstörung der Faser, die aber erst beginnt, wenn der Bleichprozeß beendigt ist. Wäsche, welche mit Chlorkalk behandelt und nicht genügend ausgewaschen ist, besitzt stets einen unangenehmen Geruch nach Chlor. Wie Chlorkalk verhalten sich auch Eau de Javelle und Eau de Labarraque; es sind dieses die wässerigen Lösungen von unterchlorigsaurem Natrium bzw. unterchlorigsaurem Kalium, die für die Hauswäsche vor dem Chlorkalk den einzigen Vorzug haben, daß durch sie keine festen Stoffe, die sich nur sehr schwer auswaschen lassen, in die Wäsche gelangen.

Über die Anwendung der schwefligen Säure, die bei der Hauswäsche nur als Fleckenvertilgungsmittel in Betracht kommen dürfte, wird in dem Abschnitt über diese gesprochen. Hier findet sich das Nötige auch über die chemische Wäscherei.

Aber auch die Bleiche gibt der ungefärbten Wäsche nicht immer das schneeige Weiß; es haftet ihr noch ein gelblicher Ton an. Darum setzt man der gelben Farbe in einem blauen Farbstoff (meist Ultramarin) ihre Komplementärfarbe zu, mit der sie Weiß erzeugt. Das nennt man das Bläuen der Wäsche.

2. Das Färben der Spinnfasern.

Die Farbstoffe[1]) für unsere Spinnfasern und für viele andere Färbeprozesse (Stroh, Leder usw.) sind hauptsächlich Kunsterzeugnisse, die in letzter Linie von Stoffen ihren Ausgang nehmen, die die Steinkohle bei der Leuchtgasfabrikation im Teer abscheidet. Im Teer selbst sind sie nicht vorhanden. Es gelingt dagegen, die geeigneten Bestandteile des Teers durch teilweise ganz verwickelte chemische Eingriffe so abzuändern, daß das Endprodukt die Spinnfaser zu färben geeignet wird. Man erhält dabei durch Prozesse, die man Sulfurieren, Chlorieren, Nitrieren, Reduzieren, Diazotieren, Kupplung, Alkalischmelze usw. nennt, entweder die gewünschten Farbstoffe oder Zwischenprodukte, die erst bei noch weiterer Behandlung die Farbstoffe liefern. Letztere gruppiert man mitunter ganz willkürlich nach ihrer Herkunft oder nach ihrer Zusammensetzung in Anilin-, Triphenylmethan-, Alizarin-, Azo-, Nitro-, Schwefel- usw. -farbstoffe. Von Farben anderer Herkunft, die vor den sog. Teerfarben, wie man die aus den Teerbestandteilen erhältlichen nennt, sehr in Ansehen standen, hat heute nur das Blauholz, das zum Schwarzfärben dient, die meiste Bedeutung. Ganz nebensächlich für unsere Betrachtung ist die Benutzung der Mineralfarben: des Ultramarins zum Bläuen und des Ockers zum Gelbfärben; sie scheiden aus unserer Betrachtung aus.

Die Farbstoffe werden in die Fasern eingetragen, indem man entweder diese mit der Farbstofflösung tränkt, wenn der Farbstoff mit der Faser ein engverbundenes unlösliches Ganzes gibt, oder indem man den Farbstoff mit Hilfe dritter Substanzen, die man Beizen nennt, in den Fasern niederschlägt, oder endlich indem man auf chemischem Wege den Farbstoff in der Faser erzeugt.

Die einzelnen Spinnfasern[2]) verhalten sich den Farbstoffen gegenüber ganz verschieden. So kann z. B. Baumwolle einer Farbe gegenüber aufnahmefähig sein, aber nicht Wolle und umgekehrt. Das finden wir erklärlich, wenn wir auf die Herkunft und die Chemie der Spinnfasern Rücksicht nehmen. Unsere Spinnfasern sind teils animalischer Herkunft (Wolle, Seide), teils vegetabilischer (Baumwolle, Leinen und alle anderen). Die **Fasern animalischer Herkunft** stehen

---

1) Vgl. Zart, Farben u. Farbstoffe (ANuG Bd. 483).
2) Vgl. Lehmann, Spinnerei (ANuG Bd. 338); Paur, Weberei (ANuG Bd. 468).

den Eiweißkörpern nahe und enthalten unter den sie aufbauenden Elementen Stickstoff, die Wolle auch Schwefel, während die **vegetabilischen Fasern** sämtlich die Zellulose als Grundsubstanz haben. Danach wäre von vornherein anzunehmen, daß sich Wolle und Seide den Farbstoffen gegenüber verschieden, die vegetabilischen Fasern aber einheitlich verhalten müßten. Doch sehen wir auch da Unterschiede. Denn mit der Zellulose der einen Spinnfaserart können Fremdsubstanzen verwachsen sein, die in den Spinnfasern der anderen Art fehlen und dadurch einen Unterschied im Auffärben bedingen. Leinen und Baumwolle brauchen sich den Farbstoffen gegenüber also nicht gleich zu verhalten. Eine neuzeitliche Spinnfaser aus Zellulose ist die Kunstseide (der Glanzstoff), die reine Zellulose ist und aus Pflanzenzellulose durch Löslichmachen und Rückbildung dargestellt wird. Auf die Fabrikation selbst können wir hier nicht eingehen, da sie zu umfänglich ist, um im Rahmen dieses Bändchens behandelt zu werden. Auch diese Kunstseide verhält sich beim Färbeprozeß nach Art der Baumwolle. Das abweichende Verhalten der verschiedenen Spinnfaserarten gegenüber den Farbstoffen macht den Färbeprozeß kompliziert, wenn es sich um Färbungen von Geweben mit mehreren Faserarten handelt. Derartige Gewebe haben wir in der Halbseide und dem Halbleinen, in denen das Halbe Baumwolle bedeutet. Ein Gewebe aus drei Faserarten könnte aus Wolle, Baumwolle und Seide bestehen.

Alle Versuche, die Färbeprozesse in einem einheitlichen chemischen oder physikalischen Sinne zu erklären, sind bis jetzt fruchtlos geblieben.

Bei der **Beurteilung** der gefärbten Gewebe gibt die Antwort auf die Frage, ob die Farbe echt sei, häufig den Ausschlag; die Beurteilung des Schönen kommt dann meist in zweiter Linie. Unter **echten Farben** verstehen wir solche, welche den äußeren Einflüssen, wie sie z. B. das Licht, die Nässe (Regen), die Reinigungsmittel und die Reibung (z. B. mit einem weißen Tuche) darbieten, widerstehen. Leider ergibt sich die Echtheit der Farbe in der Regel erst bei der Verwendung. Aber die Industrie der Teerfarben ist soweit vorgeschritten, daß sie heute alle Ansprüche an die Echtheit befriedigen kann. Der Käufer muß sich nur über seine Anforderungen im klaren sein; denn an ein und denselben Stoff wird man vielleicht nie alle Echtheitsforderungen stellen, z. B. an Unterkleider nicht die Forderung der Lichtechtheit.

In besonderem Ansehen, und zwar was alle Echtheitsmerkmale angeht, daß ihnen also weder die Sonne noch der Regen noch das Waschen wehe tut, stehen heute die Indanthrenfarben, die so heißen, weil das Indanthren, selbst ein Farbstoff, der älteste (bereits 1901 erfundene) Repräsentant dieser Farbstoffe ist. Sie werden in einer langen Farbenleiter von mehreren hundert Farbtönen vom zartesten Rosa bis zum tiefsten Dunkelviolett hergestellt. Ihr Anwendungsgebiet sind die vegetabilischen Gespinstfasern (s. o.) einschließlich Kunstseide; für tierische Faserstoffe (s. o.) kommen andere Teerfarben in Betracht. Das hat seinen Grund in der chemischen Natur der Faser im Verein mit der Methode des Färbens.

Die Vielseitigkeit des Färbeprozesses läßt die Färbekunst von vornherein für eine häusliche Tätigkeit als schlecht geeignet erscheinen. Schon das Umgehen mit Farbe innerhalb der Wohnräume scheint sich wenig mit dem Zweck der Räume zu vertragen. Die Arbeiten des Anstreichers malen uns immer ein Bild vor die Augen, dem man gern ausweicht. Und doch hat die Färbekunst aus der Werkstätte des Färbers ihren Weg ins Wohnhaus gefunden, und heute werden die Farben für die **Hausfärberei** eigens in den Verkehr gebracht und diesen ein so selbstverständlicher Platz zugedacht wie den Ostereierfarben oder wie Ocker und Ultramarin für die Gardinen und die sonstige weiße Wäsche oder wie der Stiefelwichse, an die wir uns alle gewöhnt haben, und der Tinte.

Die Hausfärberei muß sich, um volkstümlich zu sein, einfacher Methoden bedienen. Als einfachster Weg kann nur scheinen, den zu färbenden Stoff, gleichgültig ob seine Faser Wolle oder Baumwolle ist, in die wässerige Farbstofflösung einzutauchen und, nachdem er die Farbe angezogen hat, mit Wasser auszuwaschen. Dieser Anforderung an Einfachheit genügen ganz die Farben der bekannten Marken (Arti, Brauns, Heitmann), die in den Geschäften verkauft werden. Das Nähere über die Ausführung des Färbens ist auf den einzelnen Packungen angegeben. Zur Erklärung des Färbeprozesses sollen hier nur einige Energiefaktoren angeführt werden: daß die Erfahrung gelehrt hat, daß aus heißer wässeriger Lösung die meisten Farben besser auf die Fasern aufziehen, und daß gewisse Zusätze wie Kochsalz das Färbevermögen erhöhen, indem sie den Farbstoff aus seiner Lösung heraus und der Faser aufdrängen.

In der Regel werden bei der Hausfärberei bereits gefärbte, aber in der Farbe verblichene oder abgetragene Stoffe aufgefärbt, um sie noch weiter verwenden zu können. Auf alle störenden Einflüsse, die derartige Stoffe ausüben können, ist somit Rücksicht zu nehmen. Das ist die Beseitigung der Fettflecken und jedes Ballastes, der sonst noch an der Faser haftet, wie Schmutz und Beschwerungsmittel. Letztere werden oft angewendet, um den Fasern bestimmte Eigenschaften zu geben, z. B. um sie wasserundurchlässig oder für das Auge und den Griff gefällig zu machen. Solchen Ballast beseitigt ein gründliches Waschen mit Seife. Dann ist noch zu beachten, daß die meisten hellgefärbten Stoffe beliebig dunkel gefärbt werden können, niemals aber dunkelgefärbte Stoffe hell, und daß beim Umfärben Mischfarben entstehen können, die man nicht beabsichtigt. So wird ein gelber Stoff, wenn man ihn blau färben will, immer eine grüne Färbung erhalten. Darum sollte man grundsätzlich einen Stoff nur in seiner ursprünglichen Farbe wieder auffärben.

3. Die Beseitigung der Flecken.

Zu den unangenehmsten Kapiteln der häuslichen Tätigkeit gehört die Beseitigung der Flecken. Die einzige Erfahrung, die man hier hat, ist die, daß bei der Unzahl der Möglichkeiten man von vornherein nur selten weiß, mit welchem Resultat der Versuch der Fleckenbeseitigung endet. Nach dem, was wir von den Gespinstfasern und von dem Färben gehört haben, können wir auch die Flecken als Auffärbungen auf die Faser betrachten, die äußeren Einflüssen gegenüber mehr oder weniger widerstandsfähig, also mehr oder weniger echt sind. Der einfachste Fall ist der, daß sich der Flecken auf nichtgefärbtem Untergrunde befindet, weil man dann schon mit energischen Mitteln arbeiten kann, die den Flecken beseitigen, ohne die Faser zu schädigen. Schwierig wird aber die Aufgabe, wenn der Untergrund gefärbt ist, wie das bei Kleiderstoffen immer der Fall ist, und noch schwieriger, wenn man außerdem die Natur der fleckenden Substanz nicht kennt. Auch das Alter des Fleckens ist von Einfluß. Denn etwas in Lösung zu bringen, ist schon immer zeitraubender, als eine Lösung bis gewissermaßen zur Unendlichkeit zu verdünnen, worauf ein einfaches Auswaschen schließlich doch hinausläuft. Dazu kommt, daß die fleckende Substanz beim Trocknen ihre Löslichkeit ändern und sich oder die Faser oder die anderen Farben chemisch so verändern kann, daß der normale Zustand nicht wieder hergestellt werden kann. Das alles führt uns zu der Erkenntnis, daß es ein Universal-Fleckenvertilgungsmittel nicht gibt. Was für ein Fleckenmittel auch immer angewendet wird, so muß doch als erste Regel gelten, den befleckten Stoff an einer nicht sichtbaren Stelle mit dem Fleckenmittel zu prüfen, ob er durch das letztere auch nicht Schaden

Fleckenvertilgungsmittel

leidet. Gewöhnlich haben wir es mit Flecken zu tun, die auf einige wenige Ursachen zurückgeführt werden können, so daß die Fleckenmittel für sie die gleichen sind. So werden Tintenflecken, insofern sie von Eisentinten, was die meisten schwarzen Tinten sind, herrühren, wie Rostflecken behandelt, Teerflecken und Ölfarbenflecken wie Fettflecken. Die größte Schwierigkeit bieten die Flecken durch Anilinfarbstoffe, die aus gefärbten Stoffen in der Regel überhaupt nicht zu beseitigen sind.

Die **Säuren** geben mit gefärbten Stoffen meist rote Flecken. Durch Abstumpfen der Säure mit Salmiakgeist (s. d.) und gutes Auswaschen mit Wasser lassen sich die Flecken leicht beseitigen. Bei alten Flecken wird das nicht gelingen, weil entweder die Faser schon angegriffen ist oder die Eigenfarbe des Stoffs oder auch beide. Umgekehrt lassen sich **Laugenflecken**, wenn sie frisch sind, leicht mit Säuren (Essigsäure, Essig) und nachheriges Auswaschen mit Salmiakgeist und Wasser entfernen. — **Obstflecken**, zu denen auch die **Weinflecken** zu zählen sind, lassen sich mit Bleichmitteln (S. 111) wie Eau de Javelle, Wasserstoffsuperoxyd oder schwefliger Säure und nachheriges gehöriges Auswaschen mit Wasser beseitigen. Die schweflige Säure (S. 22) wird in Form des brennenden Schwefels oder in wässeriger Lösung zur Beseitigung der **Farbstoffe der Früchte** aus Zeugen und von den Händen angewendet. Meist entstehen bei ihrer Einwirkung auf die Farben farblose lockere Verbindungen von der Formel x Farbstoff + y schweflige Säure, aus denen aber der Farbstoff an der Luft nach einiger Zeit wieder zurückkehrt, weil die schweflige Säure verdunstet. Einzelnen Farbstoffen gegenüber äußert sich die bleichende Wirkung der schwefligen Säure in etwas anderer Weise, insofern Verbindungen anderer Art entstehen und der Farbstoff nicht wieder zurückgebildet werden kann. Das ist z. B. beim roten Farbstoff der roten Rübe der Fall. Die Eigenschaft der schwefligen Säure, überall, wo sie mit Luft und Wasser zusammenkommt, in Schwefelsäure überzugehen, die nur bei sehr hohen Temperaturen flüchtig ist und zerstörend auf die Faser einwirkt, verlangt, daß die mit schwefliger Säure behandelten Zeuge zur Beseitigung der Schwefelsäure gehörig ausgewaschen werden. Bei Obstflecken genügt häufig schon das Übergießen mit kochendem Wasser und Auswaschen. — **Tintenflecken** mit Eisen als Bestandteil und **Rostflecken** werden mit den wässerigen Lösungen schwacher Säuren, z. B. Zitronensäure oder Oxalsäure durchtränkt und, nachdem der Flecken gelöst ist (Bildung von zitronensaurem bzw. oxalsaurem Eisen), mit

Wasser gehörig ausgewaschen. An Stelle der Oxalsäure kann auch das Kleesalz (das ist saures oxalsaures Kalium) genommen werden. — **Fettflecken, Teerflecken** und **Ölfarbenflecken** werden mit Mitteln, die lösend auf Fett und Teer einwirken, beseitigt (Benzin, Benzol, Äther, Terpentinöl, Tetrachlorkohlenstoff); es ist hierbei zu beachten, daß die drei erstgenannten Mittel sehr feuergefährlich sind (S. 106). — **Harzflecken** beseitigt man mit starkem Spiritus.

Mit diesen Beispielen ist die Zahl der Möglichkeiten, die sich auch im gewöhnlichen Leben bieten, noch lange nicht erschöpft. Kaffee, Milch und Schokolade, Bier, Suppe und Soße gehören nicht zu den Seltenheiten, mit denen die Kleider beschmutzt werden. Anderswo ist das Mißgeschick eingetreten, daß beim Wäschezeichnen die Flasche mit Höllensteinlösung umgeworfen wurde und die Wäsche voll von **Höllensteinflecken** (Silberflecken) wurde, und wieder anderswo wurde die Wäsche mit Arzneisubstanzen, z. B. Jodtinktur, befleckt. Die Erörterung solcher und anderer Fälle (Flecken vom Erdboden oder Gras, auf dem man gesessen hatte) würde viel zu weit führen. Einmal sind die Fleckenmittel so giftig, daß sie eine Gefahr für den Nichtsachkundigen sein können (z. B. Sublimat oder Zyankalium bei Höllensteinflecken), ein anderes Mal ist der Reinigungsprozeß so verwickelt, daß mit ihm in den Händen des Unerfahrenen nichts anzufangen ist. In solchen Fällen sucht man, wenn es mit der vorsichtigen und nacheinanderfolgenden Behandlung mit fettlösenden Stoffen (wenn Fett wie bei Milch, Suppe und Schokolade in Frage kommt) und Wasser nicht gleich geht, die Hilfe bei einer chemischen Wäscheanstalt, mitunter auch in einer Apotheke, die die Reinigung übernimmt beziehungsweise sachkundigen Rat erteilen kann.

In den sog. **chemischen Wäschereien** bedient man sich für die Reinigung als Waschflüssigkeit eines fettlösenden Mittels, z. B. des Benzins. Mit diesem werden die vorher durch Klopfen und Bürsten gereinigten Stoffe in besonderen Waschapparaten in inniger Berührung gelassen, damit die fettigen Substanzen, die den Schmutz mit der Faser verkleben, gelöst und dieser gelockert wird. Da das Benzin die Farben nicht verändert, so erscheinen nachher die Stoffe wie neu. Manchmal reicht das Verfahren nicht aus; dann muß man ihm noch eine weitere Reinigung mit Benzin, in dem ölsaures Natrium, also reine Seife, gelöst ist, und eventuell eine Wasserbehandlung mit Seife folgen lassen.

Register.

Äthylalkohol 39
Aggregatzustände 7
Alabaster 38
Albumine 53
Albumosen 51
Alkohol 39
Allotropie 20
Aluminium 26
Ammoniak 35
Amygdalin 81
Anthrozit 103
Antitoxine 54
Argon 11
Arrak 69
Atmung, intramolek. 67, 84
Atom 28
Atomgewicht 28
Azetylen 105

Backen 66, 76
Backpulver 84
Bade-Duplex-Apparat 91
Bakelite 44
Balmainsche Farben 20
Barometer 11
Basen 29
Beleuchtung 98
Benzin 104, 118
Benzoesäure 90
Bergkristall 31
Bier 83,
Biochemie 48
Bittermandelwasser 81
Bläuen der Wäsche 112
Blei 25
Bleichen 109
Bleichsoda 110
Blut 45, 52
Borax 35, 110

Borsäure 36
Branntwein 68
Braten 76
Braunkohlen 103
Brausepulver 34
Brennmaterial 103
Bronze 23
Brot 51, 66, 83
Bügeln 44,
Butter 59
Buttermilch 61

Cenovis 79
Chlor 21
Chlorkalk 22

Dämpfen 76
Desinfektionsmethoden 106
Destillation 9
Dextrin 44, 63, 67, 76
Diamant 21
Diastase 81, 83
Dichte 9
Diffusion 10
Diosmose 10
Druck, osmotischer 10
Dünsten 76

Eau de Javelle 112
— Labarraque 112
Eier 54
Eigengewicht 9
Eis 15
Eisen 26, 52
Eiweiß 54
Eiweißstoffe 49, 53
Elemente, chemische 18
Email 25
Emanation 20

Emulsin 81
Endosmose 10
Entflammungspunkt 100
Entzündungstemperatur 100
Erbsen 10, 51
Erstarrungspunkt 8
Essenzen 68
Essig 39
Essigessenz 39
Essigsäure 39
Essigsäuregärung 85
Explosionen 100

Farben, echte 114
Färben 113
Fayence 38
Fermente 28, 47
Ferratin 52
Ferratose 52
Fette 40, 59
Feuerlöschen 102
Feuermachen 101
Fibrine 53
Fische 51, 59
Fleckenbeseitigung 116
Fleisch 51, 57
Fleischbasen 57, 78
Fleischbrühe 58
Fleischextrakt 78
Fruchtsäfte 65

Galalith 44
Gasglühlicht 101
Gelee 64
Gemische 18
Gemüse 51
Genußmittel 67, 78
Getränke, alkoholfreie 69
Gewicht, spezifisches 9

Gewürze 68, 79
Gips 38
Glanzstoff 114
Glas 31
Glasur 25
Glaubersalz 30
Glyzerin 42
Gold 19, 24
Graphit 21, 103

Hämatin 52
Hausfärberei 115
Hefenextrakte 79
Heizung 98
Heizwert 101
Helium 11, 20
Hirschhornsalz 35, 84
Holzkohle 103
Honig 65
Hülsenfrüchte 77
hygroskopische Körper 17

Jett 108
Invertase 82

Kaffee 69
—, koffeinfreier 70
Kaffeesurrogate 70
Kakao 69
Kaltwasser 37
Kalorie 47
Kältemischungen 30
Kalziumkarbid 38
Kalziumoxyd 37
Karamel 43
Kartoffel 43, 51, 67, 95
Kartoffelzucker 65
Kasein 49, 53, 55
Kaseine 53
Käse 56
Katalysatoren 28, 47
Kauen 54
Kefir 84
Kerzen 105
Kesselstein 73
Kieselsäure 31
Kindermehl 66

Kleber 44, 57
Kleesalz 118
Knallgas 17
Knochen 58
Knollenblätterpilz 94
Kochen 75
Kochsalz 36
Kognak 69
Kohlen 103
Kohlenhydrate 49, 63
Kohlenoxyd 99, 105
Kohlensäure 31
Kohlenstoff 8, 22
Koks 103
Kollodium 44
Konservierungsmethoden 86
Korund 38
Kostmaß 46
Kristallwasser 30
Krypton 11
Kumyß 84
Kunstseide 114
Kupfer 23

Lab 56
Lackmus 29
Legierung 12
Legumin 77
Leuchtgas 105
Leuchtkraft 101
Lezithin 54
Liköre 68
Lösung, feste 19
—, gesättigte 16
—, kolloidale 19
Lorcheln 96
Luft, atmosphär. 11
—, flüssige 11
Luftdruck 11

Majolika 38
Maltase 83
Maltose 83
Mandeln, bittere 81
Margarine 62
Marinieren 89

Mark 38
Meerrettich 81
Mehl 51, 66
Mesothorium 20
Messing 23
Metalle 18
Metallputzmittel 35
Milch 52, 54
Milchsäuregärung 85
Milchzucker 43, 49
Mineralwässer 15, 32
Molekül 29
Molekulargewicht 29
Molke 56
Morcheln 95
Mörtel 37
Mundwässer 109
Myrosin 81

Nährstoffe 48
Nahrungsmittel 48
Natrium, doppeltkohlensaures 37
Neon 11
Neusilber 23
Nickel 26

Obst 51
Öle 40
Oxydation 24
Oxydationsmittel 111
Oxyde 29
Ozon 12, 111

Palmin 62
Paraffin 105
Patina 23
Pepsin 47, 80
Peptone 51
Persil 110
Petroleum 104
Pflaster 41
Pökeln 88
Pottasche 17
Porzellan 38
Proteine 53
Protoplasma 74

Register

Ptomaine 96
Ptyalin 47
Pyrophore 106

Quarz 31
Quecksilber 23

Radium 20
Rahm 55
Räuchern 88
Räucherung 109
Reifen 67
Reis 51, 66
Rettich 81
Rost 26
Rösten 77
Rubin 38
Rum 69
Ruß 21

Sago 44
Sahne 55
Salizylsäure 89
Salmiakgeist 35
Salze 29
Salzsäure 34
Saphir 38
Sauerkraut 88
Sauerstoff 12
Säuren 29
Schierling 94
Schmelzpunkt 8
Schokolade 69
Schreibweise, chemische 21
Schwefel 22
Schwefelsäure 34
Schwefelwasserstoff 22
Schweflige Säure 22
Seife 41, 110
Seifenpulver 110

Senf 81
Siedepunkt 8
Silber 24
Sinigrin 81
Soda 30, 37
Soxhletscher Apparat 90
Speisen, Zubereitung 73
Speisenvergiftungen 92
Spinnfasern 113
Spirituosen 68
Spiritus 39
Stärke 45, 66
Stärkezucker 65
Steapsine 81
Stearin 104
Steinkohle 108
Steinzeug 38
Sterilisieren 90
Stickstoff 13
Stoffe, feuergefährliche 106
Stoffwechsel 45
Sublimat 107
Suppenkonserven 92
Suppenwürze 80
Symbole d. Elemente 21
— — Verbindungen 28

Tabak 70
Tee 69
Teer 103
Teerfarben 113
Thermometer 8
Tinkturen 68
Tinte 26
Tollkirsche 95
Töpferwaren 38
Torf 103
Toxine 54, 96
Transfusion 10

Vanilleeis 96
Vaselin 104
Verbindungen, anorg. 31
—, chemische 18, 26
—, neutrale 29
—, organische 31, 39
Vitamine 71

Wachs, 41
Wärme, latente 9
Waschen 109
Wäscherei, chemische 118
Wasser 13, 29,
—, Dichtemaximum 16
—, Härte 15
Wasserglas 31
Wasserstoff 17
Wasserstoffsuperoxyd 111
Weck-Apparat 91
Wein 68, 82
Weingeist 39

Xenon 11

Yoghurt 62, 85

Zahnpasten 109
Zahnpulver 109
Zelluloid 44
Zellulose 63
Zement 38
Zereisen 28
Ziegelsteine 38
Zink 22
Zinn 25
Zucker 42
Zündhölzer 101
Zymase 82, 84

Physik in Küche und Haus. Von Dir. Prof. H. Speitkamp. 2. Aufl. Mit 54 Abb. (ANuG Bd. 478.) Geb. . . . . . . M. 2.—
„Weil das Buch Theorie und Praxis miteinander verbindet, ist es ein zweckmäßiges Hilfsbüchlein zum Physik- u. Haushaltungsunterr. an den Oberklassen d. Mädchenschulen." (Monatsschr. für kath. Lehrerinnen.)

Einführung in die allgemeine Chemie. Von Studienrat Dr. B. Bavink. 2. verb. Aufl. Mit 24 Fig. (ANuG Bd. 582.) Geb. . . . . M. 2.—
Behandelt die dem Aufbau und der Umwandlung der Stoffe zugrundeliegenden allgemeinen Gesetze, deren Kenntnis für das Verständnis aller chemischen Vorgänge und ihrer praktischen Anwendung unerläßlich ist.

Einführung in die organische Chemie. (Natürliche und künstliche Pflanzen- und Tierstoffe.) Von Studienrat Dr. B. Bavink. 3. Aufl. Mit 9 Abb. im Text. (ANuG Bd. 187.) Geb. . . . . . . M. 2.—
Das Bändchen will in weiteren Kreisen in anschaulicher Darstellung die Kenntnis der Stoffe und Vorgänge aus der organischen Chemie vermitteln, die für das tägliche Leben, für Biologie und Heilkunde, sowie für Handel und Industrie von besonderer Bedeutung sind.

Einführung in d. anorganische Chemie. Von Studienrat Dr. B. Bavink. Mit 31 Abb. i. T. (ANuG Bd. 598.) Geb. M. 2.—
„Die Einführung ist in anregender Form geschrieben und gewährt einen trefflichen Einblick in das Riesengebiet der Chemie der Kohlenstoffverbindungen." (Ztschr. f. physik. u. chem. Unterricht.)

Einführung in die analytische Chemie. Von Dr. F. Rüsberg. I. Teil: Theorie und Gang der Analyse. Mit 15 Fig. im Text. II. Teil: Die Reaktionen. Mit 4 Fig. im Text. (ANuG Bd. 524/525.) Geb. je M. 2.—
Die Bändchen wollen den Anfänger mit den Grundtatsachen der qualitativen analytischen Chemie vertraut machen und ihn in den Stand setzen, eine gewisse Fertigkeit in der praktischen Ausführung chemischer Analysen zu erwerben.

Einführung in die Experimental-Chemie. Luft, Wasser, Licht und Wärme. Zehn Vorträge. Von Geh. Reg.-Rat Prof. Dr. R. Blochmann. 5. Aufl. Mit 92 Abb. (ANuG Bd. 5) Geb. . . M. 2.—
„Die neuesten Errungenschaften der Wissenschaft und Technik finden Berücksichtigung. Die Darstellung wird durch das Einfügen von zahlreichen, vortrefflichen instruktiven Abbildungen sehr lebendig. Das Werkchen sei auch dem Fachmann empfohlen." (Zeitschr. f. öffentl. Chemie.)

Chemisches Wörterbuch. Von Prof. Dr. H. Remy. (Teubners kleine Fachwörterb. Bd. 10 u. 11.) Mit 15 Abb. i. T. u. 5 Tabellen im Anhang.) Geb. M. 8.60, in Halblein. M. 10.60
Unterrichtet in knapper, aber klarer Weise über alle wichtigen Begriffe und Stoffe der Chemie, die gebräuchlichsten Arbeitsverfahren und Apparate der chemischen Wissenschaft und Praxis sowie die hauptsächlichsten chemischen Produkte.

Kreuz und quer durch den Haushalt. Naturkundliche Streifzüge. Von Dir. Dr. P. Wildfeuer. Geb. . . . . M. 4.—
„Die Ausführungen über Hygiene, Physik und Chemie dürften gebildete Hausfrauen sehr interessieren." (Blätt. f. d. Schulpraxis.)

Rubners Nährwerttafel f. Schulen und Haushaltungsschulen sowie für den praktischen Gebrauch unter Mitwirkung von Dr. K. Thomas, hrsg. von Geh. Ober-Med.-Rat Prof. Dr. M. Rubner. Auf Paphrolin mit Klammern [98×149 cm] M. 8.—, auf Papier ohne Stäbe M. 5.—
„Die Anschaffung dieses wertvollen Anschauungsmittels kann für Schulen empfohlen werden." (Jahrbuch d. Schweizer Gesellschaft f. Schulgesundheitspflege.)

Nahrung und Ernährung. Mit einer Erläuterung von Rubners Nährwerttafel. Von Prof. Dr. K. Thomas. 2. Aufl. Mit 1 Tabelle u. 1 mehrfarb. Tafel. Kart. M. 1.80
„Jeder, sei es Arzt oder Laie, hauptsächlich auch die Hausfrau und die, die es werden will, wird mit Nutzen und Bereicherung das Werk studieren." (Reichs-Med.-Anz.)

Ernährung u. Nahrungsmittel. Von Geh. Reg.-Rat Prof. Dr. N. Zuntz. 3. Aufl. Mit 6 Abb. i. T. u. 1 Tafel. (ANuG Bd. 19.) Geb. . . . . M. 2.—
„Über den Nährstoffbedarf des Körpers, Verdauung und Zubereitung der Speisen, über die wichtigsten Volksnahrungsmittel und die stickstoffreien Nährstoffe wird unser gesamtes Wissen in knapper, schöner und klarer Sprache dargelegt." (Zeitschr. f. physikalische und diätetische Therapie.)

Die Bakterien im Haushalt der Natur u. des Menschen. Von Prof. Dr. E. Gutzeit. 2. Aufl. M. 13 Abb. (ANuG Bd. 242.) Geb. M. 2.—
„Eine Fülle von Material, abgehandelt in wirklich volkstümlicher Weise, jedoch ohne den Leser zu ermüden." (Naturw. Wochenschr.)

Desinfektion, Sterilisation, Konservierung. Von Reg.-u. Med.-Rat Dr. O. Solbrig. Mit 20 Abb. (ANuG Bd. 401.) Geb. . . . . M. 2.—
Sowohl die Method. d. Desinfektion als der Sterilisation u. Konservier. erfahren hier eine sachgemäße, knappe Gesamtdarstellung.

Verlag von B. G. Teubner in Leipzig und Berlin

Du kannst kochen. Von A. Henschel. (Ausgabe des Kochlehrbuches für den prakt. Gebrauch der Hausfrau.) 9. Aufl. Mit Tafeln. [Erscheint September 1925.]

Das Buch bietet eine Fülle von erprobten Rezepten zum Kochen, Braten, Dämpfen, Backen, Konservieren der Nahrungsmittel, mit Übersichten der Zutaten und Mengenangabe, ferner Ratschläge für Resteverwendung, Krankenkost, Tischdecken usw. Der erste Teil enthält Belehrungen auf dem Gebiete der Ernährungs- und Nahrungsmittellehre unter Berücksichtigung dessen, was man heute von den lebenswichtigen Ergänzungsstoffen, den Vitaminen, weiß.

Kleine Haushaltungskunde. Hauswirtschaft, Ernährung, Kinder- und Krankenpflege. Mit verkleinerter Wiedergabe von „Rubners Nährwerttafel". Zusammengestellt von Oberstudiendirektor Prof. Dr. G. Schneider. Kart. . . . . M. —.60

Eine Einführung in die bei der Besorgung des Haushaltes und in der Kinderpflege wichtigsten Obliegenheiten der Hausfrau.

Hauswirtschaftslehre. Zum Gebrauch in Hauswirtschafts- und Gewerbeschullehrerinnen-Sem., zur Vorb. auf den hauswirtschaftl. u. naturkundl. Unterricht u. zur Weiterbildung der Hausfrau. Von Rektor H. Laue. 3. Aufl., neu hrsg. von Oberstudiendirektor Prof. Dr. G. Schneider. Mit 73 Abb., 1 Nährwerttaf. u. 1 Pilzmerkblatt. Kart. M. 3.60

„Das Werk gibt die beste Anleitung, die weibliche Jugend für ihren Beruf als Hausfrau und in Berufsstellung vorzubereiten."
(Kathol. Schulblatt.)

Der hauswirtschaftliche Unterricht der Hausfrauen- und Mutterschule (befreiende Haushaltungsschule). Aus der Erfahrung für den Gebrauch an Seminaren von Haushaltungslehrerinnen, Jugendpflegerinnen, Fürsorgerinnen, an Ausbildungskursen und zur Weiterbildung von Lehrerinnen dargestellt von Dir. E. Deutsch. Unter Mitwirkung der Gewerbelehrerinnen E. Sondheimer u. E. Kisten. Geb. M. 2.80

Das Buch enthält den Einrichtungsplan einer Haushaltungsschule, den Lehrstoff der einzelnen Unterrichtsgebiete, die Darstellung der unterrichtlichen Behandlung derselben, den Nachweis der Unterrichtsmittel und die Jugendpflegemaßnahmen und als Anhang Formulare für den Unterrichtsbetrieb und Tabellen.

Die Milch u. ihre Produkte. V. Dr. A. Reitz. Mit 16 Abb. (ANuG Bd. 362.) Geb. . . . . M. 2.—

„R. schildert eine mustergültige moderne Molkerei; zur Behebung der noch vielfach vorhandenen Mißstände gibt er durchaus praktische Anleitungen. Die Milchprodukte und ihre Surrogate sind trefflich besprochen."
(Soziale Kultur.)

Gesundheitslehre u. Haushaltungskunde. Hilfsbuch für Mädchenschulen. Von Oberstudiendirektor Prof. Dr. G. Schneider. 4. Aufl. Mit 33 Abb. Kart. M. 1.20

Das Werk behandelt anschaulich Bau, Leben und Pflege des Körpers, Krankenpflege und Hilfeleistungen bei Unglücksfällen, Nahrungsbeschaffung und -bereitung, Kleidungs- und Wohnungsbesorgung, hauswirtschaftliche Buchführung und Veranschlagung.

Rechnen im Anschluß an die Hauswirtschaft. Von Direktor A. Bierther. (Lehrmittel f. gewerbl. Berufsschulen. Heft 25.) Kart. . . . . . M. 1.60

Das Rechnen schließt sich an den Erwerb des Einkommens und an die Vorfälle in der Hauswirtschaft an. Der Erwerbstätige soll dabei angeleitet werden, sein Einkommen nach verständigen Grundsätzen für den Verbrauch einzuteilen. Auf die Übung einer klaren und übersichtlichen Berechnungsweise wird großes Gewicht gelegt. Der Stoff ist aus dem engsten Anschauungskreise genommen, wie ihn das tägliche Leben in der Hauswirtschaft und im Berufe reichlich bietet.

Rechenbuch f. Hauswirtschaftsschulen u. Seminare für Hauswirtschaftslehrerinnen. Von E. Luneburg. 3. Aufl. 3. Abdr. Bearb. v. L. Boeder. [U. d. Pr. 1925.]

Das Büchlein bietet Aufgaben aus dem hauswirtschaftlichen Rechnen (Buchführung, Wohnung, Kleidung, Nahrung usw.; Landwirtschaft, Geldwesen, Steuern, Versicherungen) und endlich eine kurzgefaßte Einführung in die Reichsversicherungsordnung nebst Aufgaben.

Der Kleingarten. Von Redakteur und Fachschriftsteller J. Schneider. 2. Aufl. Mit 80 Abbild. (ANuG Bd. 498.) Geb. M. 2.—

„Verf. begnügt sich nicht mit sachverständigen Winken u. Erklärungen, sondern greift auf die Grundlagen der Bewirtschaftung zurück und leitet den Anfänger von der Bewirtschaftung der Gemüsearten, des Obstbaues bis zum Blumengarten."
(Halbmonatsschr. f. soz. Hyg. u. pr. Med.)

Die Kleintierzucht. Von Redakteur u. Fachschriftsteller J. Schneider. 2. Aufl. Mit 60 Abb. u. 6 Taf. (ANuG Bd. 604.) Geb. M. 2.—

Behandelt die zur Einzelhaltung geeigneten Haustiere, als Geflügel, Kaninchen, Ziege, Schaf, Schwein, und gibt praktische Anweisungen für die Wahl der Rassen, Aufzucht und Verwertung, die es ermöglichen sollen, die Kleintierzucht mit den einfachsten Mitteln nutzbringend zu betreiben.

Verlag von B. G. Teubner in Leipzig und Berlin

Grundzüge der Länderkunde
Von Prof. Dr. A. Hettner. 2 Bde. m. 466 Kärtchen, 4 Taf. u. Diagr. i. T. I.: Europa. 3., verb. Aufl. Geh. M. 11.-, in Ganzl. M. 13.-. II.: Die außereuropäischen Erdteile. 1. u. 2. Aufl. Geh. M. 14.20, in Ganzleinen M. 16.-

„Hier haben wir das, was uns gefehlt hat, ein Buch von Meisterhand geschrieben, für die weiten Kreise der Gebildeten. Das Werk ist reich an neuen Gedanken. Ein Prachtstück ist z. B. der großartige Überblick über die politische Geschichte Europas vom geographischen Standpunkt gesehen." (München-Augsburger Abendzeitung.)

Allgemeine Wirtschafts- u. Verkehrsgeographie
Von Prof. Dr. K. Sapper. Mit 70 kartograph. Darstellungen. Geb. M. 12.-

In diesem Handbuch, das die Weltwirtschaft und den Weltverkehr in ihrer heutigen Ausdehnung auf der ihnen von der Natur gegebenen Grundlage und in ihrem geschichtlichen und kulturellen Zusammenhange zur Darstellung bringt, werden Produktion, Handel und Verkehr über die ganze Erde hin verfolgt.

Anthropologie
Unt. Red. v. Geh. Med.-Rat Prof. Dr. G. Schwalbe u. Prof. Dr. E. Fischer. M. 29 Abb.-Taf. u. 98 Abb. i. T. (Die Kultur d. Gegenw., hrsg. v. Prof. Dr. P. Hinneberg. Teil III, Abt. V.) M. 26.-, geb. M. 29.-, in Halbl. M. 34.-

Auf ihrem Gebiete führende Forscher haben sich in dem großangelegten, mit zahlreichen Originalabbildungen ausgestatteten Werke zu einer Gesamtdarstellung der Anthropologie, Völkerkunde und Urgeschichte zusammengefunden, das nach ihrem wissenschaftlichen Werte und ihrer Bedeutung für die Allgemeinheit nichts Gleiches an die Seite gestellt werden kann.

Physik
Unt. Red. v. Hofrat Prof. Dr. E. Lecher. 2., verb. u. verm. Aufl. Mit 116 Abb. (Die Kultur d. Gegenw., hrsg. v. Prof. Dr. P. Hinneberg. Teil III, Abt. III, Bd. 1.) Geh. M. 34.-, geb. in Halbleder M. 41.-

Das Erscheinen einer Neubearbeitung des Bandes, der eine für den Fachmann wie den für physikalische Probleme interessierten gebildeten Laien gleich wertvolle Darstellung gibt, wird bei der zunehmenden Bedeutung, die die Physik für viele Gebiete wie für die Ausgestaltung und Vereinheitlichung unseres Weltbildes gewonnen hat, besonders begrüßt werden, um so mehr als sich in ihr zahlreiche namhafte Physiker Deutschlands wieder mit den bedeutendsten Vertretern des Auslandes in gemeinsamer Arbeit vereinigt haben.

Teubners Naturwissenschaftliche Bibliothek
„Die Bände dieser vorzüglich geleiteten Sammlung stehen wissenschaftlich so hoch und sind in der Form so gepflegt und so ansprechend, daß sie mit zum Besten gerechnet werden dürfen, was in volkstümlicher Naturkunde veröffentlicht worden ist." (Natur.)
Verzeichnis vom Verlag, Leipzig, Poststraße 3, erhältlich.

Mathematisch-Physikalische Bibliothek
Hrsg. v. W. Lietzmann u. A. Witting. Jed. Band M. 1.-, Doppelbd. M. 2.-

===== Band 50 =====

Der Gegenstand der Mathematik im Lichte ihrer Entwicklung
Von Oberstudienrat Dr. H. Wieleitner

Das 50. Bändchen der Bibliothek will einen Überblick über das Gesamtgebiet geben, für das sie seinerzeit begründet wurde. Es will aufzeigen, wie die heutige Mathematik geworden ist und was sie will. Der hierzu besonders berufene Verfasser weiß in anschaulicher Weise die sachliche mit der geschichtlichen Entwicklung zu verbinden. Er läßt den Leser, der keiner besonderen Vorkenntnisse bedarf, zunächst das ganze Gebiet überschauen, um ihn dann, von der ja schon hoch entwickelten Mathematik der Griechen ausgehend, der modernen Mathematik zuzuführen und diese in ihren Hauptgebieten: Algebra, Geometrie und höherer Analysis zu betrachten. Zum Schluß wird in einem „Mathematik und Wirklichkeit" überschriebenen Kapitel gezeigt, wieso eine Anwendung der Mathematik auf die Naturerscheinungen möglich ist und in welcher Art sie erfolgt.

Vollständiges Verzeichnis vom Verlag in Leipzig, Poststraße 3, erhältlich

Verlag von B. G. Teubner in Leipzig und Berlin

Teubners kleine Fachwörterbücher

geben rasch und zuverlässig Auskunft auf jedem Spezialgebiete und lassen sich je nach den Interessen und den Mitteln des einzelnen nach und nach zu einer Enzyklopädie aller Wissenszweige erweitern.

„Mit diesen kleinen Fachwörterbüchern hat der Verlag Teubner wieder einen sehr glücklichen Griff getan. Sie ersetzen tatsächlich für ihre Sondergebiete ein Konversationslexikon und werden gewiß großen Anklang finden." [Deutsche Warte.]

„Die Erklärungen sind sachlich zutreffend und so kurz als möglich gegeben, das Sprachliche ist gründlich erfaßt, das Wesentliche berücksichtigt. Die Bücher sind eine glückliche Ergänzung der Bände „Aus Natur und Geisteswelt" des gleichen Verlags. Selbstverständlich ist dem neuesten Stande der Wissenschaft Rechnung getragen." [Sächsische Schulzeitung.]

Bisher erschienen:

Philosophisches Wörterbuch von Studienrat Dr. P. Thormeyer. 3. Aufl. (Bd. 4.) Geb. M. 4.—

Psychologisches Wörterbuch von Privatdozent Dr. F. Giese. Mit 60 Fig. (Bd. 7.) Geb. M. 3.20

Wörterbuch zur deutschen Literatur von Studienrat Dr. H. Röhl. (Bd. 14.) Geb. M. 3.60

*Volkskundliches Wörterbuch von Prof. Dr. E. Fehrle.

Musikalisches Wörterbuch von Prof. Dr. H. J. Moser. (Bd. 12.) Geb. M. 3.20

*Kunstgeschichtliches Wörterbuch von Dr. H. Vollmer. (Bd. 16.)

Physikalisches Wörterbuch von Prof. Dr. G. Berndt. Mit 81 Fig. (Bd. 5.) Geb. M. 3.60

Chemisches Wörterbuch von Prof. Dr. H. Remy. Mit 15 Abb. u. 5 Tabellen. (Bd. 10/11.) Geb. M. 8.60, in Halbleinen M. 10.60

*Astronomisches Wörterbuch von Dr. J. Weber. (Bd. 13.)

*Geologisch-mineralogisches Wörterbuch von Dr. C. W. Schmidt. 2. Aufl. Mit zahlr. Abb. (Bd. 6.)

Geographisches Wörterbuch von Prof. Dr. O. Kende. Allgem. Erdkunde. Mit 81 Abb. (Bd. 8.) Geb. M. 4.60

Zoologisches Wörterbuch von Direktor Dr. Th. Knottnerus-Meyer. (Bd. 2.) Geb. M. 4.—

Botanisches Wörterbuch von Prof. Dr. O. Gerke. Mit 103 Abb. (Bd. 1.) Geb. M. 4.—

Wörterbuch der Warenkunde von Prof. Dr. M. Pietsch. (Bd. 3.) Geb. M. 4.60

Handelswörterbuch von Handelsschuldirektor Dr. V. Sittel und Justizrat Dr. M. Strauß. Zugleich fünfsprachiges Wörterbuch, zusammengestellt von V. Armhaus, verpfl. Dolmetscher. (Bd. 9.) Geb. M. 4.60

*Sportwörterbuch. Unter Mitwirkung zahlreicher Sportsleute herausgegeben von Dr. H. B. Müller, Vorsitzender des Leipziger Sportclubs.

* [in Vorbereitung bzw. unter der Presse 1925]

Verlag von B. G. Teubner in Leipzig und Berlin

Künstlerischer Wandschmuck für Haus und Schule

Teubners Künstlersteinzeichnungen

Wohlfeile farbige Originalwerke erster deutscher Künstler fürs deutsche Haus
Die Sammlung enthält jetzt über 200 Bilder in den Größen 100×70 cm (M. 10.-), 75×55 cm (M. 9.-), 103×41 cm bzw. 93×41 cm (M. 6.-), 60×50 cm (M. 8.-), 55×42 cm (M. 6.-), 41×30 cm (M. 4.-).   Geschmackvolle Rahmung aus eigener Werkstätte.

Neu: Kleine Kunstblätter

24×18 cm je M. 1.-. Liebermann, Im Park. Prenzel, Am Wehr. Becker, Unter der alten Kastanie und Weihnachtsabend. Treuter, Bei Mondenschein. Weber, Apfelblüte, Herrmann, Blumenmarkt in Holland.

Schattenbilder

K. W. Diefenbach „Per aspera ad astra". Album, die 34 Teilb. des vollst. Wandfrieses fortlaufend wiederg. (20½×25 cm) M. 15.-. Teilbilder als Wandfriese (60×42 cm) je M. 5.-, (35×18 cm) je M. 1,25, auch gerahmt in verschied. Ausführ. erhältlich.
„Göttliche Jugend". 2 Mappen, mit je 20 Blatt (34×25½ cm) je M. 7.50. Einzelbilder je M. -.60, auch gerahmt in verschied. Ausführ. erhältlich.
Kindermusik. 12 Blätter (34×25½ cm) in Mappe M. 6.-, Einzelblatt M. -.60. Gerda Luise Schmidts Schattenzeichnungen (20×15 cm) je M. -.50. Auch gerahmt in verschiedener Ausführung erhältlich. Blumenorakel. Reisenspiel. Der Besuch. Der Liebesbrief. Ein Frühlingsstrauß. Die Freunde. Der Brief an „Ihn". Annäherungsversuch. Am Spinett. Beim Wein. Ein Märchen. Der Geburtstag.

Friese zur Ausschmückung von Kinderzimmern

Neu: „Die Wanderfahrt der drei Wichtelmännchen." Zwei farbige Wandfriese von M. Ritter. 1. Abschied - Kurze Rast. 2. Hochzeit - Tanz. Jeder Fries mit 2 Bildern (103×41 cm) M. 6.-
Ferner sind erschienen Herrmann: „Aschenbrödel" u. „Rotkäppchen"; Bauernfeind: „Der gestiefelte Kater" u. „Die sieben Schwaben"; Rehm-Vietor: „Schlaraffenleben", „Schlaraffenland" „Englein 1. Wacht" u. „Englein 1. Hut" (103×41 cm, je M. 6.-); Orlik: „Hänsel und Gretel" u. „Rübezahl" (75×55 cm je M. 9.-)

Rudolf Schäfers Bilder nach der Heiligen Schrift

Der barmherzige Samariter, Jesus der Kinderfreund, Das Abendmahl, Hochzeit zu Kana, Weihnachten, Die Bergpredigt (75×55 bzw. 60×50 cm). M. 9.- bzw. M. 8.-.
Diese 6 Blätter in Format **Biblische Bilder** in Mappe M. 4.50, als 36×28 cm unter dem Titel Einzelblatt je M. -.75
(4 Blätter hiervon sind auch als Tauf-, Trau- u. Konfirmationsscheine mit u. ohne Spruch erschienen.)

Karl Bauers Federzeichnungen

Charakterköpfe zur deutschen Geschichte. Mappe, 32 Bl. (36×28 cm) M. 5.—
12 Bl. M. 2.—
Aus Deutschlands großer Zeit 1813. In Mappe, 16 Bl. (36×28 cm) M. 2.50
Führer und Helden im Weltkrieg. Einzelne Blätter (36×28 cm) M. .50
2 Mappen, enthaltend je 12 Blätter, je M. 1.—

Teubners Künstlerpostkarten

Jede Karte M. -.10, Reihe von 12 Karten in Umschlag M. 1.—.
Jede Karte unter Glas mit schwarzer Einfassung und Schnur eckig oder oval, teilweise auch in feinen Holzrähmchen eckig oder oval. Ausführliches Verzeichnis vom Verlag in Leipzig.
Ausführlicher Wandschmuckkatalog mit etwa 200 Abb. für M. -.75 und 10 Pf Porto vom Verlag, Leipzig, Poststraße 3, erhältlich.

Verlag von B. G. Teubner in Leipzig und Berlin

MIX
Papier aus verantwortungsvollen Quellen
Paper from responsible sources
FSC® C105338

If you have any concerns about our products,
you can contact us on
ProductSafety@springernature.com

In case Publisher is established outside the EU,
the EU authorized representative is:
**Springer Nature Customer Service Center GmbH
Europaplatz 3, 69115 Heidelberg, Germany**

Printed by Libri Plureos GmbH
in Hamburg, Germany